U0047870

世界第一簡單
電力系統

藤田吾郎◎著

台灣電力公司綜合研究所鄭錦榮　主任 ◎審訂

衛宮紘◎譯

前言

我們的身邊到處都是電器用品，能有如此便利的生活，皆有賴於發達的電力系統。本書將以易懂、有趣的漫畫，說明現代的電力系統。

學習電力系統，需知道本書第 1 章所介紹的能量與電力的關係，瞭解產生電力的「發電」、輸送電力的「輸電」，以及分配電力到各家庭的「配電」。「發電」其實有很多方式，「輸電」依據不同狀況而有不同的對策，與我們息息相關的「配電」則集結了先進科技。瞭解這些知識將使我們獲益良多。最後的第 5 章說明未來電力供應的趨勢，還會介紹近年來漸漸發展的分散式發電。

除了從事電力工業和電器設備相關產業的人，就讀電機工程學系的學生，以及想要考取電機工程相關證照的考生，都需瞭解電力系統。此外，有許多人在學生時代不是主修此領域，而是主修物理學、資訊工程學、化學等與電力系統不太有關聯的領域，進入職場卻被分配到與電力相關的工作。因此，本書考量到如此廣泛的讀者群，用易懂的漫畫與圖表，來呈現電力系統的相關知識。

本書由十凪高志繪製，讓本書充滿活力。內容則由 Office sawa 的澤田佐和子將原稿改編成有趣的故事，從易懂的角度切入工學技術。有些筆者不太瞭解的部分，則另邀日本電氣技術者協會理事——飯田芳一先生（日本關東電氣保安協會茨城事業本部長）協助查證、審訂與補充。筆者有幸接到歐姆社的委託，還得到各方人士的大力協助，使此書順利出版，在此致上最高謝意。

藤田吾郎

目錄

第 **2** 章　發電　　　　　　　　　　　　45

第 **4** 章　配電　129

序曲

我、輸電導線與外星人？

幽浮……

不過……

並木學弟拍的天空照片總是很美呢。

……

謝謝妳，
學姐。

這是幽浮吧？

那麼，
我先回去囉！

好！

幽浮……

大家辛苦了。

呼……

天空的照片啊……

5

出現

你逃不了的，
可惡的攻擊者。

什麼？

等等，妳剛剛不是在房間裡嗎……

攻擊者？

裝傻也沒用喔！

前幾天！
你不是用武器
瞄準我方艦艇嗎！

拿出

就是這台
黑黑的小型武器！

我的相機！

我明明
放在書包裡啊！

那個時候…

嗯……
該不會是……

你以為遠距離攻擊，我不會注意到嗎？

想起來了嗎？

沒錯，我當時在那艘幽浮上面。

指

你太天真了！

……

不要用憐憫的眼神看我！

這情況怎麼處理啊？叫警察？

沒人會相信有幽浮吧……

我只會被當成神經病……

總而言之…

可

怕

即使你攻擊未遂，我也不會放走想攻擊我艦的人……

如何處置你呢……

喂，等一下，妳好像誤會了。

我那時只是在拍照。

跨大步

像牆上這些相片！
我只是在拍輸電導線！

啪！

妳說照相機是
武器嗎？

咦？輸電導線？
拍照？

那台機器難道不是會發
出雷射、產生波動消滅
敵人的武器嗎？

完全不是。

其實
我一開始就知道了。
只是故意套你話，測試
地球人有沒有攻擊性，
這是為了安全起見，才
慎重行事……

妳看著我說話啊！
混蛋外星人！

小女子悠夢事先已
經調查過了喔。

你……吵死啦！

笨——蛋！

明明只是照相，卻用那麼大
台的機器，我怎麼會知道！

見笑轉生氣

我的錯？

這星球的文明比我預期的
還要退步，錯的是你們！

真沒品，
竟然顛倒是非！

那就先這樣吧。我知道那不是攻擊。

但是，我還沒完全相信你，情報不夠！

妳不是已經調查了嗎？

輸電導線……是什麼啊？

呵呵呵……這個問題嗎？

我來說明吧！

輸電導線是有電力流動的電纜線。

我們用輸電導線來輸送電力。

這是輸電鐵塔上的輸電導線。

這是住宅區電線桿的輸電導線。

哈！我們利用遍布的輸電導線來輸送電力！

嚇到了吧？

沒錯，這些美麗的輸電導線風景是我們引以為傲的……

怎麼會這麼原始、粗糙！我完全不能理解！

不要大驚小怪，妳真的很沒禮貌！

總之，我繼續說明……

來看這個筆記。

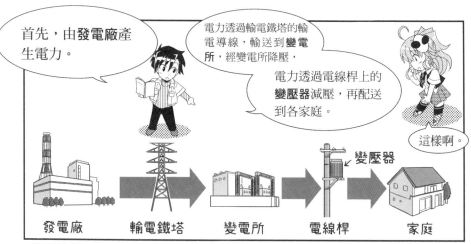

※變電所包括：超高壓變電所→一次變電所→配電變電所等，電力會流經多個變電所。

在各環節共同協助下，這個房間才有電力可以使用。

嗯……原來如此，乍看之下很簡單，其實很深奧。

對！

產生、輸送、分配……

這個系統藏著許多祕密，著實令人感動。

每個人都覺得理所當然的風景，沒人當一回事的輸電導線，是代代相傳，知識和技術的結晶！

看著在空中，無拘無束、縱橫交錯的輸電導線，用心去感受，多麼讓人興奮！

激動！

我們很合耶，地球人！

拍手！

是啊，外星人！

所以告訴我發電、輸電、配電的細節吧！

指！

嗯？

嗯？怎麼變這樣？

因為這是宇宙的意識！

什麼意識啊？宇宙？

11

如果你拒絕我，我就把那件事視作對本艦的攻擊，開始侵略地球。

身負重任！

這根本是高壓外交！
地球的命運決定於我嗎？

我可以教妳啦……

反正我主修電學。

很好，談判成立。

外星人把脅迫和談判當成同義詞啊。

我們來學習電力知識吧！

聽我說話，外星人。

還有，我討厭別人叫我外星人，好像被當成白痴。

叫我外星智慧生物比較好聽。

外星智慧生物……感覺莫名的高尚！

陶醉

痴，聽起來超級白痴！

第 1 章

能量與電力

1 能量

能量是什麼？

好。

你快點教我吧！

咦？現在？

我可是外星智慧生物啊。

擁有浩瀚的求知慾和好奇心……

能量充滿我的身體，快要滿出來啦！

嗚喔

真令人無話可說，這股無用的幹勁……

能量……

我先說明能量是什麼吧！

簡單來說，能量是「精力、活力」的意思。

Energy

以物理學的角度來看，能量「泛指對外界做功的量」，這樣妳聽得懂嗎？

抱歉……
好像很難。

舉例來說……

因為有**電能**，所以這個燈泡才有辦法做「發出光線」的「功」。

這樣啊。

人類能生活在明亮的房間、看電視、使用冰箱，都是電能的功勞。

此外，除了電能，還有**各式各樣的能量**。

化學能、力學能※、熱能、光能，以及核能……

等……等一下，並木！

我只想知道電能。

再學其他的能量，我覺得太……

太麻煩了。

浩瀚的好奇心在哪裡！

嗯，接下來的說明相當重要，仔細聽喔。

能量可以**轉換**，亦即其他能量可以轉換成電能。

轉換？什麼意思？

舉例來說，煤、石油、天然氣等石化燃料是**化學能**。

石油

天然氣

煤

火力發電將這些化學能，**轉換**成電能※。

喔！

火力發電

化學能

轉換

電能

※轉換的實際情形是化學能→熱能→動能→電能，需經過數個步驟。

能量竟然可以變來變去！真是驚人！你多介紹一點！

嗯……妳的態度轉變才是驚人。

自然界的能量稱為一次能源。

一次能源	二次能源
• 石化燃料 （石油、煤、天然氣） • 核能（鈾礦） • 再生能源 （水力、太陽能、風力等）	• 電力 • 汽油 • 瓦斯

需加工轉換以方便使用的能源，稱為二次能源。

原來如此……

石油

電力

人類平常大多使用二次能源。

一次能源中，可直接使用的能源……

例如太陽能

稱為「能源資源」※。

我等一下再詳細說明能源資源，現在先進入下一階段吧。

好！下一階段是什麼？

※能源資源，又譯為資能源，日文為エネルギー資源，英文為 energy resource。

⚡ 能量消耗

接下來是悠夢問答時間！

這麼突然？

咦？

經濟越繁榮，生活越便利……

能量的消耗量會跟著如何變化呢？

當然是……增加啊。

嗯…

經濟繁榮，工廠會越蓋越大，一般人的生活也會改變，這是常識吧。

你以前洗衣服，必須到河邊洗，現在只需用洗衣機！

到河邊洗衣服，是多久以前啊！
妳說的沒錯，但妳把我當成哪個時代的人啊！**能量消耗量**即是能源消耗量，妳看下圖的變化啦！

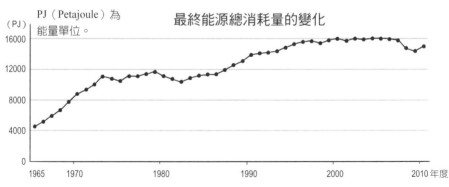

PJ（Petajoule）為能量單位。

最終能源總消耗量的變化

（PJ）

16000

12000

8000

4000

0

1965　1970　1980　1990　2000　2010 年度

「最終能源總消耗量」是所有**用戶**（接受電力供應者）的能量消耗量總和，包括工廠、企業、交通工具、一般家庭等。

喔……

嘿……

雖然有時消耗量會少一點，但整體而言，能量消耗量還是隨著時代演進而持續增加。

汽車的汽油、瓦斯爐的瓦斯，都是能量……

但最近幾年，電能的消耗特別多。

除了工廠，一般家庭每天都會使用電力。

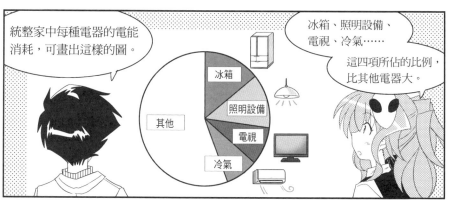

統整家中每種電器的電能消耗，可畫出這樣的圖。

冰箱、照明設備、電視、冷氣……

這四項所佔的比例，比其他電器大。

冰箱

照明設備

其他

電視

冷氣

連你這樣腦筋不靈光的男生，房裡也有這些設備，看來普及率的確很高！

**腦筋不靈光還真是抱歉！
妳這個畜生！**

19

妳的理解方式真是……

回歸正傳,在這些電器中,最需要關注的是冷氣。

近來新聞經常報導電力消耗、節約用電……

我知道!

新聞報導因為使用冷氣,造成夏天電力用量暴增!

下午兩點是用電高峰。

沒錯,正是如此。

下面會用圖表詳細說明。

光想像汗就一直流

總而言之,能量的消耗每年都在增加……

電力需求漸漸形成問題。

我懂了!下一個主題是什麼?

轉

來吧!

轉

令人不安……

⚡ 從圖表觀察能量消耗量

 接下來，我們以圖表來觀察電力的消耗情形吧。電力的消耗隨著不同季節、時間而產生很大的差異。

 嗯……簡單來說，夏天天氣很熱，人類會一直開冷氣，造成電力消耗大量增加！真是的，你們地球人真是單純。

 呃！嗯……對啦，妳說的沒錯。下圖表示一天的電力需求量（負載）變化，稱為「日負載曲線」。

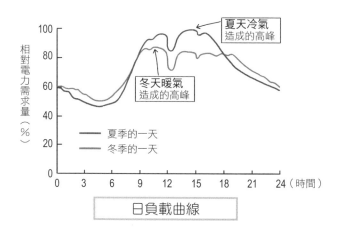

日負載曲線

 這張圖清楚顯示需要大量電力的季節和時間。**夏天的冷氣造成用電高峰，冬天的暖氣也使電力需求量增加。**

接下來，下圖是日本**不同年度各月份最大電力消耗**的變化圖，希望妳能從中看出季節性的耗電差異。

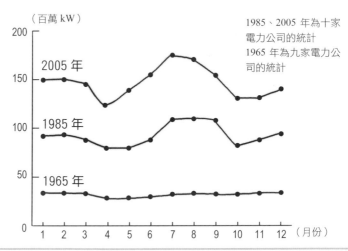

日本某些電力公司不同年度各月份的最大電力消耗變化

1965 年**各月份的電力消耗變化不大**，但 1985 年和 2005 年**季節性的耗電差異非常明顯**。

這是冷氣的普及，以及資料中心（data center）的電腦需要長時間降溫等原因，造成的電力需求量增加。

不只人類需要冷氣，電腦也需要冷氣呢。既然知道夏天和冬天需要許多電力，為什麼不預先儲存電力？

因為電力是無法儲存的能量。
少量電力可以用充電的方式儲存，但要供給整個社會的大量電力，以現在的技術還無法儲存。

因此必須預測每天的整體用電量，天天生產電力，以供大家使用。
（參照P.44 的補充）。

要預測用電量啊……

　沒錯，但近年來因為氣溫等因素產生很大的變動，
很難以舊有的資料去預測當年的電力需求。

下圖是各年各月份最大電力需求量的變化圖。
比較 2007 年和 2009 年可知，同一月份、不同年度的電力需求量是
有所差異的。

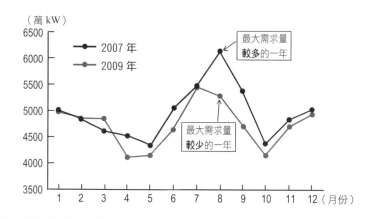

日本某些電力公司的年度各月份最大電力需求量變化

　真的耶！每天的天氣都不固定，夏天有時涼爽宜人，有時卻悶熱難
耐。天氣這麼無常，人類只能……訓練預知能力！

　人類才不會做什麼預知能力的訓練！還不如一起節約用電比較實
際！

⚡ 能源資源

人們對能源的需求量持續增加,但世界上到底存有多少能源資源呢?

能源資源……是指這些嗎?

代表性的
能源資源
- 石化燃料
 (石油、煤、天然氣)
- 核能(鈾礦)
- 再生能源
 (水力、太陽能、風能等)

再生能源指可以再生,取之不盡的能源。

例如,太陽能和風能。

陽光普照

呼~

喔。

石油　煤　天然氣　鈾礦

但是,火力發電所使用的石油、煤、天然氣等,以及核能發電所使用的鈾礦,總有一天會開採枯竭。

不行了

這裡沒有啦!

用完啦!

這些資源具有⋯⋯

使用期限。

我們常以**可採年數**來表示還有多少資源可使用。

$$可採年數 = \frac{確認蘊藏量}{年生產量}$$

嗯⋯⋯
用確認蘊藏量除以年生產量啊。

這裡要注意⋯⋯

確認蘊藏量是**已經發現**的量。

所以，若發現新的資源，可採年數即會變化。

例如，原本西元 2000 年的石油可採年數預測有四十五年，但到了 2012 年卻變成五十四年。

相差九年啊⋯⋯
好不準確喔。

不滿

翻開

接著我來說明其他資源的可採年數吧！

雖然日本國內存有少量資源，但日本的能源供給幾乎都仰賴國外進口※。

※註：台灣也有相同情形。

尤其是石油，大部分都從中東進口。

日本的一次能源供給比例
（2011 年）

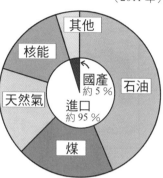

其他

核能

石油

天然氣

國產
約 5 %

進口
約 95 %

煤

你們這樣仰賴進口，如果發生戰爭，怎麼辦啊！

才不會發生戰爭！

妳的想法能不能不要這麼偏激！外星人！

油價上漲，我們的生活的確會受到影響。

電費、油價……

連泡麵也漲價，到底還能吃什麼……

慘慘慘……

正因如此，「節約能源與資源」以及新能源的開發成為日本和世界各國的重大議題。

27

 節約能源

 接下來，我們來談節約能源……亦即**節能**！雖然大家都很熟悉這個詞，但我還是解釋一下「節能」吧！此指「有效使用能源，以較少的能源，得到相同的社會、經濟效益。」

 真是貪心又任性的期望啊！但是，遇到能源資源枯竭的問題，這的確是很切實的想法。節能應該是下一代一定要有的觀念。

 對，我們趕快來看以下三個**具體**的節能對策。

> ①導入汽電共生※等高效率的發電設備。
> ②導入電力儲存設備※，開發替代石化燃料的新能源。
> ③節約用電。
> ※汽電共生請參照 P.71，電力儲存設備請參照 P.189。

 ①和②好像很難自己實行……在你房間馬上可以用的對策，只有③**節約用電**。
真是沒意思，噴！

 滴水穿石，別看不起！的確沒什麼了不起的，但一點一滴的累積能省下不少電啊。請看下頁的表。

家用電器	節能對策
冷氣	・夏天設定 28°C。
照明器具	・減短開燈時間。 ・將白熾燈泡換成省電燈泡。
冰箱	・縮短打開的時間。 ・不放太多東西。 ・不放熱的東西。
洗衣機	・衣服累積到一定的量,再一起洗。

家庭節約用電對策

 從小處著手,細節真多啊!

 一般家庭的節能還須考慮「**待機電力**」,例如電視、音響等電器即使沒有在用,也常插著插頭,雖然這樣比較方便,但電器用品沒有在用,也會一點一點地消耗電力。

 雖然很方便,但會浪費電力啊。

 沒錯。根據統計,**待機電力在一般家庭的整體消耗電力中,佔約10%**。我們常不知不覺地浪費電力,應該盡己所能地實行節能對策。

 從這個房間開始吧!把所有插頭都拔掉!

 喂……冰箱的插頭不能拔!

2　電力品質

接下來說明電力品質……

悠夢懂電力的基礎知識嗎？

像「電壓」、「頻率」、「交流電」等。

我當然懂啊，早就聽過這些術語。

哼～

但我現在完全想不起來！

自豪

果然

嗯，我真傻，竟然會問妳，真是對不起。

我將電力的基礎知識都整理在這本筆記本裡，妳先翻翻吧。

電力的基礎

慎重起見，我姑且看看吧。

微嬤？

我……只是想要確認哦！

CHECK!

電力的基礎知識統整於附錄 P.210。
本書接下來會出現許多**電力相關術語**，
請參考。

當然是觸電的感覺
舒不舒服啊！

妳一定要有這麼危
險的想法嗎？

妳先想想看什麼是「品
質優良」的電力吧！

悠夢認為是
什麼呢？

電力品質有三個要點。

○ 不能停電
○ 頻率穩定
○ 電壓穩定

喔……

嗯……
像這張圖一樣……

電力的

穩定！
漂亮！

要保持這種漂亮
的波形吧！

31

沒錯！

陶醉

那個理想、漂亮的波形，是電力品質的最佳狀態。

但是……

頻率改變！

假如頻率變動……

陰氣森森

那會是…那會是…非常恐怖的事情…

喔！非常恐怖的事情！

頻率若變動……

看口水

各地機器的馬達轉速會跟著改變，好恐怖啊！

哪裡恐怖？

機器若不穩定，可能會生產有瑕疵的商品！

妳想像一下……

原本品質穩定、優良，值得信賴的工廠產品……

怎麼回事！

突然冒出許多瑕疵品！

因此，只能銷毀所有產品！堆成一座垃圾山！

咦！怎麼這樣？

慘劇還沒落幕……馬達轉速的變動還會引起馬達的異常振動，造成機器損害！

晴天霹靂！

工廠的供水系統也會出現水壓異常，最糟的狀況是……

工廠難以維持機器運轉！宣布破產！

哇！好慘啊！

頻率混亂竟造成這樣的損失……

吞口水

為了不讓這種事情發生，我們需要維持電力的品質。

原來如此啊……

哇～
有這麼多啊！

最後我來介紹
電力品質的指標。

如下表所示，標
準、規格都有一
定的規定。

電力品質的指標

項目	內容
頻率	以標準頻率（50Hz 或 60Hz）為基準， ±0.1～0.2Hz 為偏差期望值。
供電電壓	100V 系統，維持在 101±6V； 200V 系統，維持在 202±20V。
電壓變動	瞬間電壓變動造成的「燈具閃爍」， 將此數值化當作指標，以 ΔV_{10} 表示， 控制在 $0.45V$（V 是供電電壓）的範圍內。
電力諧波	把交流電的「失真成分」獨立出來， 規格化再評定。
停電	包含事故、故障造成的停電，以及計劃性的停電，日本平 均一年只會發生少於十分鐘的停電，屬於世界最高水準。

3 輸電網路

電力聯結交換

怎麼了？
悠夢。

有不懂的地方可以
問我，大部分的問
題我都能回答喔。

嗯……

那麼……我直問囉！
為什麼東部日本人和
西部日本人互相討厭？

對不起，
我沒想到妳會問
這個問題！

不是電力的問題，
而是政治爭議？

你不要顧左右而言他，這
本筆記……不對，這是來
自某情報單位的機密……

東日本的頻率是 50Hz，西
日本卻是 60Hz，一個國家
竟有兩種頻率。

因為彼此的憎恨，國家遍地死屍，
血流成河，最後東西兩方只好……
想到這，我覺得好悲傷……

明明是同一個星球、同
一個國家的人民，卻變
成這樣……

妳是指這個啊……
只是因為日本明治時代輸入的發電機……

關東選擇**德國製機器**，關西選擇**美國製機器**，所以有差異。

換句話說，這是美國和德國之間的代理戰爭吧……

真是可怕

不是啦！
大家的關係都很好啦！

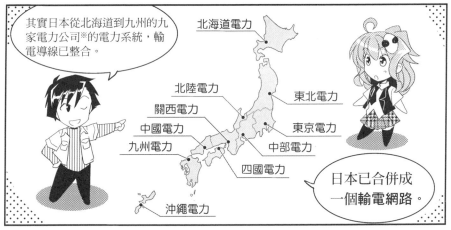

其實日本從北海道到九州的九家電力公司※的電力系統，輸電導線已整合。

北海道電力
北陸電力
東北電力
關西電力
東京電力
中國電力
中部電力
九州電力
四國電力
沖繩電力

日本已合併成一個輸電網路。

※目前日本境內共有十家電力公司，除了沖繩電力公司，其餘九家已建立輸電網路。

因此，某地電力不足或緊急需要用電，其他電力公司可以幫忙……

震災即會用到這個網路。

這是可達成「**電力聯結交換**」的機制。

若各地電力公司的關係惡劣、互相討厭，這機制無法實行吧？

原來如此。

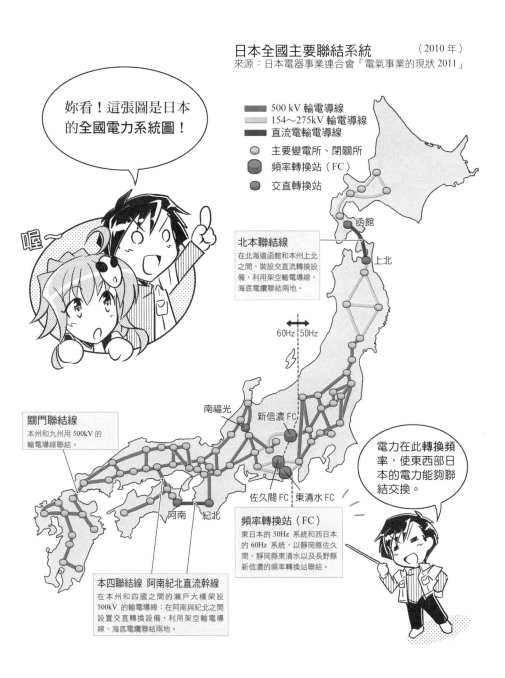

日本全國主要聯結系統 （2010 年）
來源：日本電器事業連合會「電氣事業的現狀 2011」

妳看！這張圖是日本的全國電力系統圖！

喔

██ 500 kV 輸電導線
██ 154～275kV 輸電導線
██ 直流電輸電導線
◯ 主要變電所、閉關所
◯ 頻率轉換站（FC）
◯ 交直轉換站

函館

北本聯結線
在北海道函館和本州上北之間，裝設交直流轉換設備，利用架空輸電導線、海底電纜聯結兩地。

上北

60Hz 50Hz

南福光

新信濃 FC

電力在此轉換頻率，使東西部日本的電力能夠聯結交換。

關門聯結線
本州和九州用 500kV 的輸電導線聯結。

佐久間 FC 東清水 FC

阿南 紀北

頻率轉換站（FC）
東日本的 50Hz 系統和西日本的 60Hz 系統，以靜岡縣佐久間、靜岡縣東清水以及長野縣新信濃的頻率轉換站聯結。

本四聯結線 阿南紀北直流幹線
在本州和四國之間的瀨戶大橋架設 500kV 的輸電導線；在阿南與紀北之間設置交直轉換設備，利用架空輸電導線、海底電纜聯結兩地。

37

⚡ 單相交流與三相交流

 接下來，改變一下話題……我想說明的是**交流電**。

 嗯？交流電？我很瞭解喔！

流經**家中插座**的電是「交流電」，波形如下。

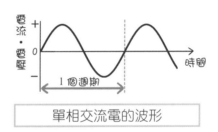

單相交流電的波形

 嗯，但交流電不只是這樣。

剛才悠夢說的是「**單相交流電**」，其實交流電還有其他形式，包含由三個單相交流電組成的「**三相交流電**」。

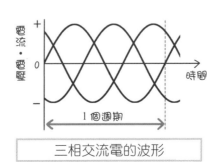

三相交流電的波形

這是什麼東西！
三個互不吻合的波形！電力會變成三倍嗎？

 大部分的發電廠都是使用「**三相同步發電機**」，以產生三相交流電。

※發電機將於P.50詳細說明。

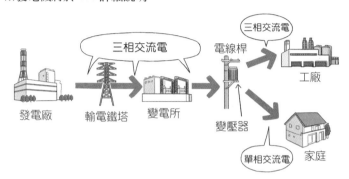

發電廠　　輸電鐵塔　　變電所

 如上圖所示，大部分的**發電機和輸電導線**都用**三相交流電**，大型工廠也直接使用三相交流電。電線桿上的變壓器所截取的**單相交流電**，只有**一般家庭**在使用。

 原來如此……日本全國的輸電網路，也是用三相交流電來輸送嗎？

 沒錯！使用**三相交流電輸電**的優點如下：

> ・輸送三相交流電所需的**輸電導線數量**比單相交流電少。
> ・三相交流電比較適合用來**驅動工廠機器的馬達**。

 三相和單相的「**相**」是指**波形的數量**吧！一個波形是單相；三個波形是三相！對吧？**一定是這樣！**

 嗯……沒錯。

電力系統

我們先來統整一下「電力系統」吧。

電力系統將發電廠產生的電力分配給用戶,例如:工廠、家庭……

不用重說!我都瞭解!

簡單來說,電力系統就是「發電、輸電、配電」吧!

| 發電 | 輸電 | 配電 |

(參照 P.10)

妳差一點答對。

什麼?

別擔心,妳說的沒錯,並沒有記錯。

妳記得很清楚。

只是有一個重要的部分我還沒說明。

那就是……「變電」!

什麼?變電?

其實電力從發電廠到達用戶的過程中……

「電壓」會有所變化。交流電的電壓轉換就是「變電」。

詳細的電力系統圖，如下。

請注意電壓〔V〕的數值。

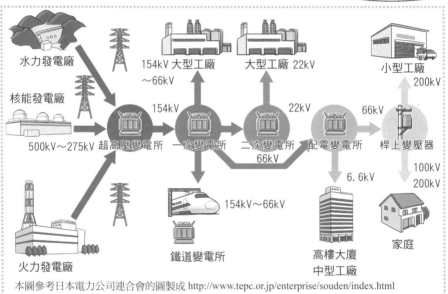

水力發電廠

核能發電廠

500kV～275kV 超高壓變電所

火力發電廠

154kV 大型工廠 ～66kV

大型工廠 22kV

小型工廠 200kV

154kV 一次變電所

22kV 二次變電所

66kV 配電變電所

66kV 桿上變壓器

154kV～66kV 鐵道變電所

6.6kV 高樓大廈 中型工廠

100kV 200kV 家庭

本圖參考日本電力公司連合會的圖製成 http://www.tepc.or.jp/enterprise/souden/index.html

電壓的數值不斷變化……

輸電和變電我晚點說明。（參照第3章）

簡單來說，電力系統是統合「發電、變電、輸電、配電」的系統。

我懂了，真完美！

發射！

碎裂！

我有護身的宇宙雷射。

若你做出奇怪的舉動，我會馬上發射。

我的璞弟⋯

我明明⋯⋯什麼都沒做！妳為何發射？

持有殺人武器的明明是妳！

除了這功能，它還可以放零錢、開罐頭、收納衣服和日常用品⋯⋯

不要只把它當成武器，它可是多功能⋯⋯

這不是重點！

反正要麻煩你一陣子囉！

我不要！

◆ 供電系統調度

　　發電廠和變電所的設備不可單獨運作，而應讓整體的電力供應達到高經濟效益和高效能，稱為「**系統運用**」。日本的電力公司依照這種機制組成，以總部的**中央供電指揮所**為中心，再由**系統供電所**、**地方供電所**、**控制所**等單位，階層式地分擔業務。各單位的名稱和任務隨不同電力公司而有所差異，代表性的任務整理如下：

> **中央供電指揮所**：供電計劃與運用、主要系統的操作指令、全體系統　　　　　　　　的運用統整。
> **系統供電所**：主要幹線系統的操作指令、主要水力發電廠的運用管　　　　　理。
> **地方供電所**：地方系統的操作指令、地方水力發電廠的運用管理。
> **控制所**：發電所、變電所、閉關所的監視與操作。

　　中央供電指揮所是日本電力公司的中樞，負責提供各地區的**電力需求預測**、提出設備的修繕計劃、擬定運作方針。由於實際的電力需求隨時都在變化，中央供電指揮所必須隨時發出輸出功率的調整指令，控制輸電導線的負載（控制電力負載），二十四小時不分晝夜進行調度。

◆ 供電計劃

　　電力的供應最重要的是，必須以長遠的眼光來擬定計劃，例如發電廠電力設備的完善度是以數年到數十年的時間為單位來計算，這期間的人口數、社會經濟狀況、石化燃料價格都會對電力設備的完善度產生影響，因此必須將這些因素都考慮進來，**擬定供電計劃，思考電力需求會如何變化，調整供電。**

　　供電計劃還包括短時間的探討，例如隔天的運轉計劃，應將隔天的天氣狀況，和過去的類似資料比較，擬定調度計劃。

註：台灣電力公司的電力系統調度控制則分為：中央調度控制中心、區域調度控制中心、配電調度中心。

第2章

發電

1 發電的原理

⚡ 渦輪機與發電機

今天不是要教我「發電」嗎？

有個人比我更懂發電。

出門是沒有關係啦……

才第二天，就把教學交給別人……你怎麼這麼沒有責任感。

嘿──

但我們要去哪裡？

沒有必要說成這樣吧！

我先做一部分說明吧……

妳看那台腳踏車上的燈具。

那就是個完整的**發電機**。

腳踏車的 發電機構造

燈具和輪胎之間產生摩擦力，讓發電機的**磁鐵**旋轉。

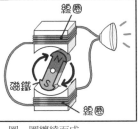

線圈

N

S

磁鐵

線圈

※線圈由電線一圈一圈纏繞而成。

喔！

磁鐵旋轉使**線圈**產生感應電流，產生電力。

原來是磁鐵一圈又一圈的旋轉來產生電力啊。

沒錯！

發電機利用「旋轉」來產生電力。

悠夢知道發電方式有哪幾種嗎？

我記得……

核能發電

核能

火力發電

火力

水力發電

水力

※風力發電、太陽能發電將在第5章說明。

我記得這些比較常見的方式。

嗯……
雖然發電方式有很多種……

旋轉 旋轉

但所有發電方式最後都是利用「旋轉」來發電。

火力發電、核能發電皆是如此……

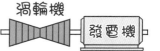
渦輪機 發電機

連結渦輪機和發電機。

不同力量，
例如：火力、
核能的蒸汽。

旋轉！ 發電！

不同的發電方式利用不同的力量旋轉渦輪機，使與渦輪機連結的發電機跟著轉動而發電。

渦輪機？

印度語？

渦輪機……

是會旋轉的機器。

喔……渦輪機連結**發電機的磁鐵**……

這磁鐵會跟著渦輪機一起旋轉。

旋轉
旋轉

位於磁鐵中心的「軸」，與渦輪機相連。

水力發電利用的是水輪機。水輪機是渦輪機的一種，兩者的原理相通。

發電機

水力

水輪機

旋轉！

水輪機旋轉，發電機即跟著旋轉、**發電**。

OK！我已摸透發電，算是專家了。

今天的課程真是簡單，不……不對，是我的理解力太好……

課程還沒正式開始啊！

接下來才是最重要的內容！仔細聽！

⚡ 三相交流發電機

接下來，讓我詳細解說「**發電機的內部構造**」吧。

嗯？發電機的內部構造，剛剛不是以腳踏車的燈具為例，解說過了嗎？上下兩側的**線圈**為一組，使中間的**磁鐵**旋轉……

〈發電機產生電流（電壓）〉

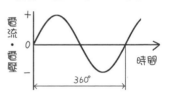

單相交流發電機的構造與原理

腳踏車的燈具是「**單相交流發電機**」，構造如上圖所示。
發電廠所用的發電機則不同，如下圖所示，構造較為複雜。

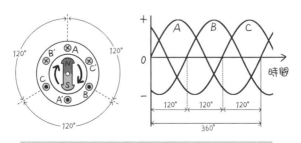

三相交流發電機的構造與原理

什麼啊？怎麼會有這麼多線圈！
「A和A'」、「B和B'」、「C和C'」共有六個線圈⋯⋯竟然有三組！

 對。由三組線圈各自產生交流電壓（電流）的發電機稱為「**三相交流發電機**」。

由上頁的圖可知，每組相隔 120°，產生三個交流電壓。

多虧這三組線圈，我們才能更有效率地產生電力。

 之前說明過的三相交流電（參照 P.38）原來是這樣，因為有這三組線圈才會產生三個波形。

 此外，電力公司的發電廠大多使用**同步發電機**，即利用同步轉速來產生固定頻率的三相交流電。

妳不需要深入瞭解，只需知道發電廠所用的發電機是「**三相同步發電機**」。

 三相同步⋯⋯是發電廠發電機的特色！我知道了！

但是，我想深入了瞭解發電廠，快教我吧。

 好，我們終於要進入正式的發電教學囉！

同步是什麼？

同步原有「動作一致」、「一模一樣」的意思，而這一小節所述，與電力相關的「**同步**」是指：

· 連接系統與發電機，或連接系統與系統，
　所用的電壓、頻率、相位、相序都相同。

※上頁圖中，⊙ ⊗ 表示**電流的方向**。
　⊙ 表示「電流由紙的後側射向紙的前側」；⊗ 表示「電流由紙的前側射入紙的後側」。

2 水力發電

電力博物館

我們在這裡學習發電的知識吧。

在這裡學？什麼意思……

歡迎你們！

和我一起學水力發電吧～♪

小　水

！！！！？？？？

正中紅心！

他……他是什麼啊？

這……

這……

太可愛了！

在這個星球竟然有這種生物……還有這麼強的語言能力，好可愛！

用力抱！

她好像誤會了……

※位能，是因高低差而產生的能量。

另外，水力發電的二氧化碳排放量比較少，

是火力發電的七十分之一……

水力發電還有其他優點喔！

水力發電能夠因應電力需求，即時應變！

真的嗎？

水力發電有好幾種發電方式，可因應不同的需求。

若突然急需用電……

嗶——

嗶

不好了！電力需求量突然增加。

電力快不夠用了！

大家冷靜下來……

這種時候該換水力發電出馬。

這就是水力發電。

能夠隨機應變，即時運作發電！

喔！
水力發電真厲害！

我來介紹水力發電的**發電方式**吧。

有些水力發電方式「容量小卻能持續、穩定地發電」。

有些「能隨機應變，即時運作，以供應急需用電」。

簡單來說，水力發電分為不辭辛勞，

總是在你身邊照顧你的**青梅竹馬型**。

以及你有困難，會馬上幫忙的

神秘美少女型。

兩者分工合作！

原來如此，真是易懂的說明……

但是，

你的比喻真噁心。

我接著介紹……

最具代表性的四種發電方式吧！

水力發電的發電方式

① 川流式

不儲存河川的流水，而直接用以發電。**能以最小的輸出功率發電，產生持續而穩定的發電量。**

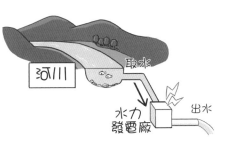

 「①川流式」直接利用河川的水流。
與其他發電方式相比，建設成本可以壓得較低。

② 調整池式

使用規模較小的水壩。消耗電力較小的時候，例如**夜間和週末**，不用川流式發電，而是將水先存入小型水壩，需要使用大量電力的時候，再配合電力消耗量的變化，來調整水量並發電。
能夠因應**一天至數天的突發性電力需求。**

③ 水庫式

使用規模大於調整池的大型水壩。
在水量較多、電力消耗相對少的**春天和秋天**，先將河川的水存入大型水壩，到了電力消耗量較大的**夏天和冬天**，再利用預先儲存的水來發電。**藉由調節季節的水量來因應電力需求的變動。**

②調整池式和③水庫式的概念是「將水存起來，以備不時之需」。

 原來如此，雖然電力無法儲存，但水卻可以儲存。

---

④ 抽蓄式

在河川上游和下游建造水壩，發電廠建於兩個水壩中間。

夜間利用「**火力發電、核能發電所剩的電力**」將**下游水壩的水，抽到上游的水壩儲存**。

於電力需求量較大的白天，利用上游水壩的水發電。

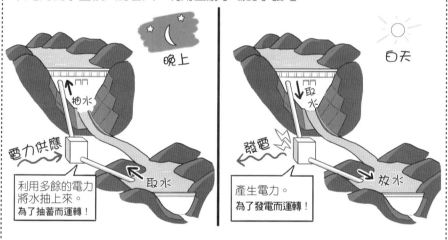

晚上

抽水

電力供應

利用多餘的電力將水抽上來。
為了抽蓄而運轉！

取水

白天

取水

發電

放水

產生電力。
為了發電而運轉！

 「④抽蓄式」使用的方式相當驚人，竟然利用多餘的電力，預先抽水、儲存！由此可見地球人無畏的精神與大膽的技術。

 我們以儲存水的方式，代替電力的儲存。

 呵呵呵，能讓妳佩服，我很高興。以這種方式，我們才能因應各種電力需求。

⚡ 水力發電的發電輸出功率

機會難得，我來說明比較困難的觀念吧。
來吧！請看以下的**數學式**。

〈計算水力發電能力的數學式〉
水力發電的輸出功率 P，決定於落差（高低差）和水的流量。

$$P = 9.8 \times Q \times H \times \eta \ \text{[kW]}$$

P：發電的輸出功率〔kW〕⋯發電產生的電力大小。
9.8：重力加速度〔m / s²〕⋯物體落下因重力而產生的加速度。
Q：流量〔m³ / s〕⋯每秒流過的水體積。
H：有效落差〔m〕【總落差－損失落差】⋯在下一頁解說。
η：效率【水輪機效率×發電機效率×加速器效率等整體效率的 60～85%】
⋯根據不同機器而變化，此即發電的效率。

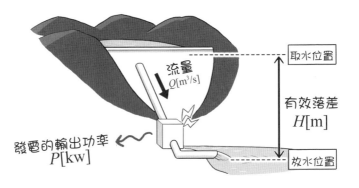

流量
Q[m³/s]

發電的輸出功率
P[kw]

取水位置

有效落差
H[m]

放水位置

我的腦筋轉不過來！難度突然上升這麼多，真過分！不⋯⋯冷靜下
來思考，其實滿容易懂的。

水力發電所產生的輸出功率（電力大小），**決定於落差**（高低差）
和流量。簡單來說，**落差和流量越大，所產生的電力越大**。

沒錯！「流量」是「每秒流過的水體積」，代表**水量越多，流速越快，**
流量越大。

嗯……我好像懂了。

從越高的地方（**落差大**）沖下、水量越多流速越快（**流量大**），水輪機便能快速旋轉，產生越多電力！

沒錯！妳的觀念很清楚。

接著來看「**總落差**」、「**有效落差**」、「**損失落差**」。

上頁數學式的「**有效落差**」，如下圖所示：

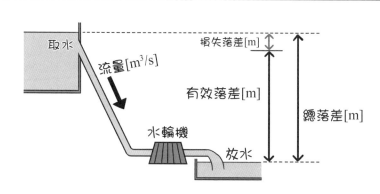

〈總落差、有效落差與損失落差的關係〉

總落差：發電的「取水地點」和「放水地點」之間的高低差。

損失落差：水在水路、水管中流動，因摩擦力等因素所造成的損失。我們
　　　　　　將這些損失看成落差造成的，稱為損失落差。

※造成損失落差的因素有很多，不只是因為高低差，但為了方便理解，本書以上
圖的標示來表示。

有效落差：推動水輪機旋轉所實際利用的落差，即總落差減去損失落差。
選擇水輪機、計算發電的輸出功率，都需要用到有效落差。

看圖比較容易理解。有浪費掉的落差，也有沒用到而損失的落差。

雖然數學式看起來很困難，但瞭解每個名詞的意義，就不難理解。

〈代表性的水輪機種類〉

① 佩爾頓水輪機

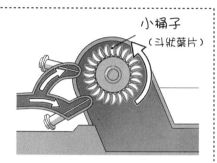

小桶子
（斗狀葉片）

水由噴嘴噴出，利用水的衝擊力，使碗狀的小桶子（斗狀葉片）旋轉。

適用於水勢大、高落差的地點（落差約150m～800m）。

② 卡普蘭水輪機

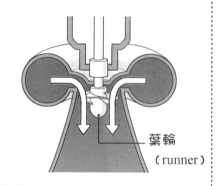

水由兩側流入水輪機，使螺旋槳形狀的葉輪（runner）旋轉。
適用於坡度緩、低落差的地點（落差約3～90m）。可由水量和落差高度，調整葉輪的角度。

※無法調整葉輪角度的水輪機，稱為**推進式水輪機**。

葉輪
（runner）

③ 法蘭西斯水輪機

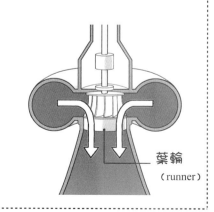

和卡普蘭水輪機一樣，水由兩側注入水輪機，使葉輪（runner）旋轉。
不同水量與水勢所用的法蘭西斯水輪機，形狀與規模皆不同。整體來說，法蘭西斯水輪機適用於**中落差的地點**（落差約50～500m），現在大多數的發電廠都用這種水輪機。
這是最普遍的水輪機，**日本的水力發電廠約有七成**皆用這種水輪機。

葉輪
（runner）

〈代表性的建設方式〉

① 水壩式

以水壩製造高水位，創造高低落差，以位能來發電。水壩攔截河川的水流，形成人工湖泊，使被攔截的水流漸漸累積，水位上升，再利用水壩與發電廠之間的高低落差來發電。

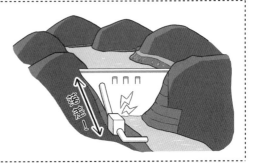

② 水路式

以水路引導水流，移到有高低落差的地點，以位能來發電。建設小型堤防，截取河川，再透過長水路，引導水流移動至有落差的地點。

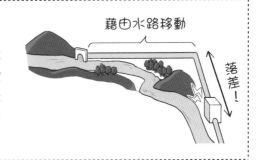

③ 水壩水路式

結合「水壩式」和「水路式」，利用水壩來儲水，再透過水路引導水流到下游發電。

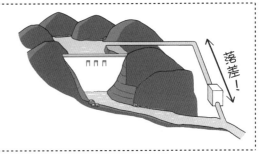

 怎麼有這麼多方式啊……

 沒錯！依照不同地點的地形，可應用不同的建設方式。

小水力發電、波浪發電、海洋溫差發電

最後來介紹「小水力發電」、「波浪發電」、「海洋溫差發電」吧～♪

小水力發電不需要水壩，是小規模的發電方式，又稱微水力發電。**波浪發電**和**海洋溫差發電**則是與海水有關的新型發電方式。

「小水力發電」：輸出功率小於 1000kW 的水力發電設備總稱。**運用閒置的中小型河川、農業水路的發電設備**，為各地提供再生能源，是現今備受矚目的發電方式。此外，下水道也可應用小水力發電。

除了 P.61 介紹的水輪機，還有開放型上掛式水輪機、開放型下掛式水輪機，以及管狀水輪機等。開放型水輪機已是古董級水輪機，但還是可以有效利用。

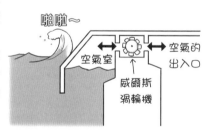

開放型上掛式水輪機　開放型下掛式水輪機

發電機　水輪機　管狀水輪機
（在水流入的管子裡，裝設水輪機。）

「波浪發電」：**利用波浪的升降來發電。**波浪的上下運動促使空氣流入設備，轉動發電機的渦輪機。

波浪的湧進與消退，會改變空氣的流動方向，但發電機內部裝設特殊的**威爾斯渦輪機**（Wells turbine），即使空氣流動方向改變，渦輪機還是會朝同一個方向轉動。

啪啦～　空氣室　威爾斯渦輪機　空氣的出入口

注意！ 波浪發電並非水力發電的一種。

「海洋溫差發電」：**海水的表面溫暖，約 1km 深的海水卻很冰冷，海洋溫差發電即利用此溫差來發電。**

使沸點低的氨因溫暖海水蒸發，再利用蒸汽推動渦輪機。順利推動渦輪機發電的蒸汽遇到冰冷的海水，冷卻形成液體，繼續下一次循環。

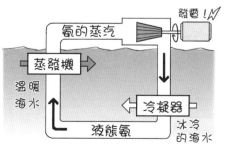

發電！　氨的蒸汽　蒸發機　溫暖海水　冷凝器　液態氨　冰冷的海水

注意！ 海洋溫差發電並非水力發電的一種。

3 火力發電

啊……

今天學了好多！

但這樣下去，原本便很知性的悠夢，會變得太聰明吧……

妳自我感覺良好是沒關係，但還有其他發電知識要學習……

接下來是……

久等了！

啊！

正中紅心

火君

並木！這……這傢伙也很可愛耶！怎麼辦！

啊，嗯……

接下來和我一起學習火力發電吧！

火力發電是什麼？

我想想……
火力發電……

火力發電

化學能 → **轉換** → **電能**
（參照 P.16）

是將化學能
轉換成電能吧。

沒錯！

但細分來說，其實還牽
涉到**熱能**和**動能**。

請看下圖……

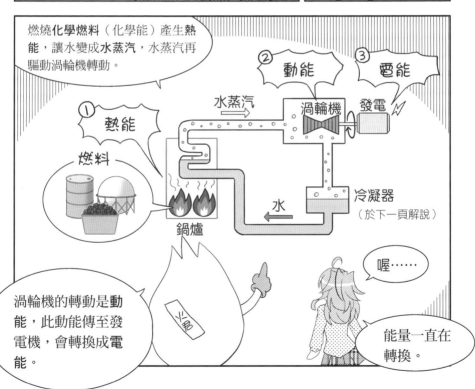

燃燒**化學燃料**（化學能）產生**熱能**，讓水變成**水蒸汽**，水蒸汽再驅動渦輪機轉動。

① 熱能

② 動能

③ 電能

燃料

水蒸汽

渦輪機

發電機

水

鍋爐

冷凝器
（於下一頁解說）

渦輪機的轉動是**動能**，此動能傳至發電機，會轉換成**電能**。

喔……

能量一直在轉換。

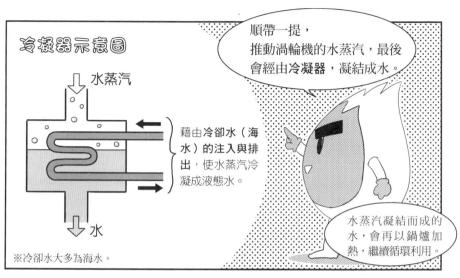

冷凝器示意圖

水蒸汽

藉由冷卻水（海水）的注入與排出，使水蒸汽冷凝成液態水。

水

※冷卻水大多為海水。

順帶一提，推動渦輪機的水蒸汽，最後會經由冷凝器，凝結成水。

水蒸汽凝結而成的水，會再以鍋爐加熱，繼續循環利用。

一下加熱，一下冷卻，這是無限輪迴的地獄啊……

真是令人恐懼的地獄業火！

拜託！妳應該說「真是高效率的系統」吧？

火力發電主要可以分成四種。

我們一起來看它們的特色吧！

揮！

⚡ 火力發電的種類和特色

① 汽力發電（水蒸汽好活躍！）

汽力發電是**最常用的火力發電方式**。
燃燒石油、LNG（液化天然氣）、煤等燃料，經由鍋爐的高溫高壓產生水蒸汽，藉水蒸汽轉動**蒸汽渦輪機（又稱汽輪機）**，帶動發電機發電。

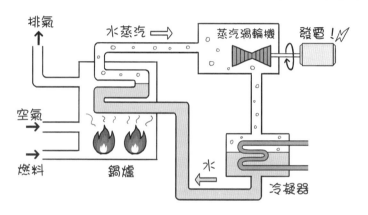

 汽力應該是指「水蒸汽的力量」吧！

 沒錯。另外，汽力發電能夠使用的**燃料種類相當多**。石油、LNG與煤最常見，也可以將質量最重的原油——瀝青，以及生物質燃料（參照P.76）混合煤，當成燃料使用。

 喔～什麼東西都可以拿來燃燒啊。

 沒錯。燃燒各種燃料所產生的氣體，若直接當成蒸汽來推動渦輪，會使渦輪機混入雜質。所以，這些燃料只用來**加熱水**，將水轉變成水蒸汽，再以水蒸汽來推動渦輪。

② 燃氣渦輪發電（燃氣好活躍！）

燃氣渦輪發電是將**煤油、輕油、LNG（液化天然氣）**等作為燃料來燃燒，產生高溫的燃氣，以此推動**燃氣渦輪機**，驅動發電機發電。

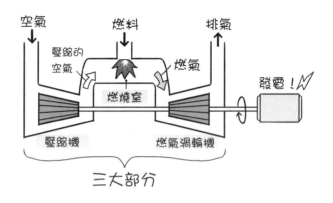

空氣　　　　燃料　　　　排氣

壓縮的
空氣　　　　　　　燃氣

燃燒室

發電！

壓縮機　　　　燃氣渦輪機

三大部分

「①**汽力發電**」是利用水蒸汽推動蒸汽渦輪機……
「②**燃氣渦輪發電**」則利用燃氣來推動燃氣渦輪機。

沒錯。順帶一提，燃氣渦輪發電機組是由「**壓縮機、燃燒室、燃氣渦輪機**」三大部分所組成，如上圖所示。

「**壓縮機**」為了提高氧氣的濃度，將空氣壓縮約二十倍。
「**燃燒室**」將壓縮的空氣和燃料混合燃燒，再將高溫高壓的燃氣引至「**燃氣渦輪機**」，燃氣的體積膨脹，推動渦輪，最後排出燃氣。

簡單來說，多虧有這些燃氣，渦輪機才能猛烈旋轉！

雖然妳說得太過簡略，但姑且當作是這樣吧。

③ 複循環發電（複合式發電！）

複循環發電將發電所用的**熱能回收**，重覆用於發電。

先燃燒**燃料氣體**，利用燃氣推動**燃氣渦輪機**，**再用燃氣渦輪機排出的高溫氣體**，產生高溫高壓的水蒸汽，推動**蒸汽渦輪機**發電。

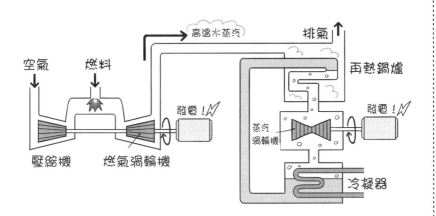

※複循環發電機組的軸承與燃氣渦輪機、蒸汽渦輪機不一樣，屬於「**多軸型**」。而將兩個軸承結合成一台驅動發電機，稱為「**單軸型**」。

 只要燃燒一次燃料氣體，**卻可推動兩個渦輪機來發電！**利用原本會浪費掉的燃料、能量，提升發電效率。

 對。複循環發電使用同量的燃料，卻能產生比其他火力發電方式還多的電力，真的很實惠。

火力發電廠大多靠近大海的原因
很多火力發電廠和核能發電廠都會建在近海地區，是因為**冷凝器的冷卻水大多為「海水」**。
此外，火力發電所用的石化燃料，大多是從海外用船運過來的。
考量這些因素，發電廠建在近海地區比較方便。

④ 內燃力發電（內燃機好活躍！）

內燃力發電以**柴油引擎**或**燃氣引擎**為**內燃機**，燃燒燃料以驅動內燃機轉動、發電。

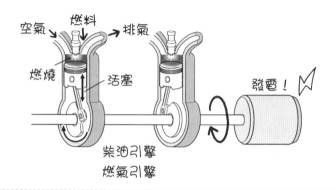

你們應該不瞭解什麼是「**內燃機**」、「**柴油引擎、燃氣引擎**」吧，我之後會說明。總而言之，請記得**內燃力發電是指規模小、可短時間啟動的火力發電**，輸出功率大約為數十kW到一萬kW。

內燃力發電不需要鍋爐，所以可以壓低發電廠的建設成本，有些建在**外島**，有些則被用於**高樓、工廠的自家發電或緊急電源**。

「四種火力發電」我們都學完了吧。
蒸汽、燃氣、複合、內燃機……各有特色！

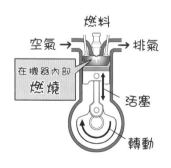

內燃機是什麼？

「**內燃機**」如左圖所示，在機器內部燃燒燃料，驅動裝置。
此外，還有相對於內燃機的「**外燃機**」。
外燃機利用鍋爐等機具，讓燃料在機器的外部燃燒，蒸汽渦輪機即屬於外燃機。

柴油引擎、燃氣引擎、汽電共生、
微型氣渦輪、燃料電池

你們想知道更多火力發電的知識嗎？
我先來說明「④內燃力發電」所用的柴油引擎、燃氣引擎吧。

使用**柴油引擎與燃氣引擎**是熱效率高的小規模發電，運作方式如下圖所示，先使活塞上下推動，**將動能傳到曲軸產生回轉力**，驅動發電機發電。

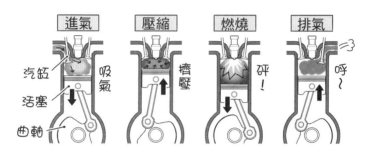

①**進氣**：將燃氣和空氣混合的氣體充入汽缸的燃燒室。
②**壓縮**：藉由活塞運動壓縮氣體，再通電形成火花，點燃氣體。
③**燃燒**：氣體開始燃燒，使汽缸內部氣體的體積急速膨脹，強力擠壓活塞。
④**排氣**：利用活塞將燃氣由汽缸排出。

你聽過「汽電共生」嗎？
其實柴油引擎、燃氣引擎都可用於汽電共生！

「汽電共生」是指回收發電所排出的熱，利用這些熱來加熱水或應用在冷氣、暖氣機，能讓綜合能量效率（電能和熱能）提高到 70%～80%，達到節約能源、降低成本、降低 CO_2 排放量的效果。

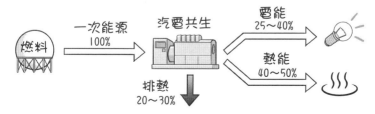

汽電共生多應用於工業。然而，最近小規模的微汽電共生也開始普及。
微汽電共生主要是由「**微燃氣渦輪機**」、「**微燃氣引擎**」、「**燃料電池**」組合而成。

出現新的關鍵字啦！
我來介紹「**微燃氣渦輪機**」、「**燃料電池**」吧。這兩種設備適用於小規模的發電方式。

「**微燃氣渦輪機**」使用都市瓦斯、煤油當作燃料，搭配小規模（約小於 200kW）的發電系統，構成小型的燃氣渦輪機。
空氣被壓縮機壓縮，進入燃燒室使燃料燃燒。
接著，利用燃燒所產生的高溫高壓燃氣，推動**燃氣渦輪機**發電。

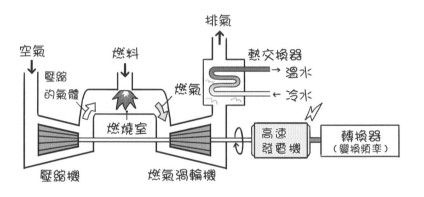

「**燃料電池**」運用「**水的電解**」的**逆原理**來發電。
取用氫氣和氧氣發生電化學反應生成水，所產生的電力。
燃料電池的規模雖然小，但發電效率高，不會產生廢氣，也沒有噪音，是很環保的發電方式，被稱為「**新世代的發電系統**」。

燃料電池的化學反應	
H_2(氫氣) $+ \frac{1}{2} O_2$(氧氣) $\rightarrow H_2O$(水) $+$ 電力	
正極 (空氣端)	$\frac{1}{2} O_2 + 2H^+ + 2e^- \rightarrow H_2O$
負極 (燃料端)	$H_2 \rightarrow H^+ + 2e^-$

e^- 為電子。

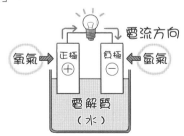

火力發電的角色

然後……

大家知道什麼是**日負載曲線**嗎？（參照 P.21）

嗯，
我知道。

這樣啊！

一如日負載曲線所表示的，電力需求會隨著季節和時間而變化。

火力發電需因應電力需求的變化來發電。

呼～
真是辛苦啊。

嗯？但是能因應突發的電力需求，最迅速啟動機具來發電的，不是**水力發電**嗎？（參照 P.54）

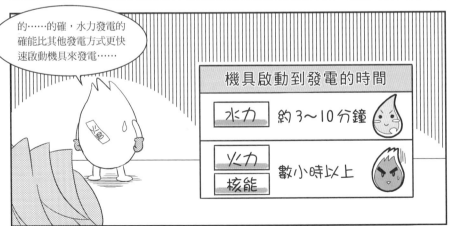

的……的確，水力發電的確能比其他發電方式更快速啟動機具來發電……

機具啟動到發電的時間

水力	約3～10分鐘
火力 核能	數小時以上

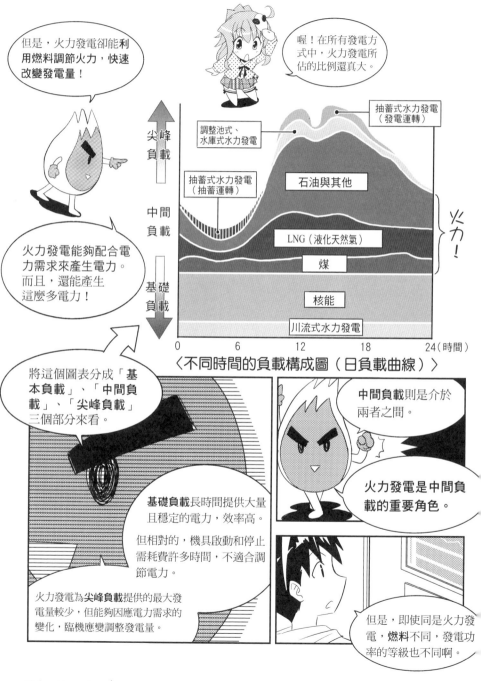

但是，火力發電卻能利用燃料調節火力，快速改變發電量！

喔！在所有發電方式中，火力發電所佔的比例還真大。

火力發電能夠配合電力需求來產生電力。而且，還能產生這麼多電力！

尖峰負載

中間負載

基礎負載

抽蓄式水力發電（發電運轉）

調整池式、水庫式水力發電

抽蓄式水力發電（抽蓄運轉）

石油與其他

LNG（液化天然氣）

煤

核能

川流式水力發電

火力！

0　　　6　　　12　　　18　　　24（時間）

〈不同時間的負載構成圖（日負載曲線）〉

將這個圖表分成「基本負載」、「中間負載」、「尖峰負載」三個部分來看。

中間負載則是介於兩者之間。

火力發電是中間負載的重要角色。

基礎負載長時間提供大量且穩定的電力，效率高。

但相對的，機具啟動和停止需耗費許多時間，不適合調節電力。

火力發電為尖峰負載提供的最大發電量較少，但能夠因應電力需求的變化，臨機應變調整發電量。

但是，即使同是火力發電，燃料不同，發電功率的等級也不同啊。

對，火力發電的燃料不同，負載的分配亦會不同。

反之，**石油**的成本比較高……

只在需要大量電力的時候，才會以石油發電，用於供應尖峰負載。

不上不下中間…

LNG（液化天然氣）

相對低成本

煤的成本低，可用來持續運轉發電，供應基礎負載。

煤

成本好高！

石油

LNG（液化天然氣）則是在中間。

火力發電三種不同的燃料，因應不同的發電需求。這是火力發電的特色之一！

原來如此！

真是深奧。

隆隆隆～～

即使現代人比較關注環保問題和再生能源！日本的發電還是以火力發電為主！近來火力發電朝向降低CO_2排放量的目標邁進，致力於改善發電效率！但今後主要支持日本電力的仍是……

他好像變了一個人……

好熱血……

火力發電！

垃圾發電、生質能發電、地熱發電

我接著來介紹三個和燃燒、熱能有關的新式發電。
「垃圾發電」和「生質能發電」運用再生能源；
「地熱發電」運用自然資源。
我也相當⋯⋯不，是非常喜歡這些發電方式！

「垃圾發電」利用燃燒垃圾所產生的熱能來發電。
焚燒家庭的可燃垃圾，利用焚化產生的熱能，形成水蒸汽，推動渦輪機發電。以回收再利用的能源，有效發電。

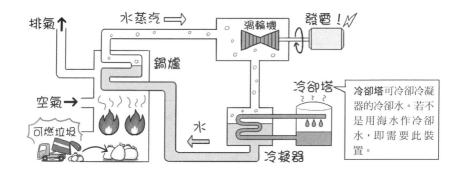

「生質能發電」利用生物質（biomass）來發電。
以可作為能源的生物質為燃料，例如：植物，燃燒這些生物質來發電。
將木屑做成固體燃料；將畜產廢棄物釋放的氣體，當成氣體燃料（甲烷氣）；將榨甘蔗的殘渣做成液體燃料（乙醇）等，即為生質能發電。

在火山的地底深處所流動的**岩漿**，是沉睡在地下的強大能源。
「**地熱發電**」以水蒸汽的形式取用部分的地底岩漿能源，以此推動渦輪機發電。
地熱發電是適用於多火山地區的發電方式。

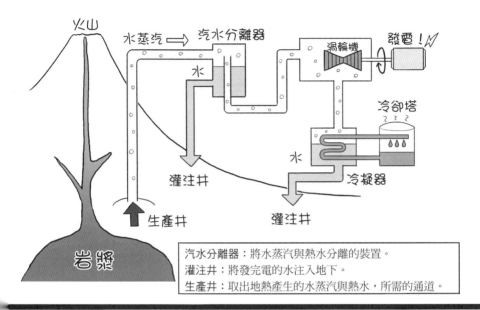

汽水分離器：將水蒸汽與熱水分離的裝置。
灌注井：將發完電的水注入地下。
生產井：取出地熱產生的水蒸汽與熱水，所需的通道。

「水主火從」到「火主水從」

我們已經學習了水力發電和火力發電。

與這兩者相關的用語還有「水主火從」和「火主水從」。

往昔日本與台灣的發電形式「**以水力發電為主，火力發電為輔**」，
稱為「水主火從時代」。

之後，火力發電的技術日漸完善，燃料的使用也有所變化，改變了原
本的發電形式，變成「**火力發電為主，水力發電為輔**」，稱為「火
主水從時代」。

現在，人們搭配使用「核能發電、火力發電、水力發電」，互相補
足，迎接「**最佳搭配（Best mix）時代**」。

隨著時代的進步，**發電的方式也跟著產生變化。**

4 核能發電

核能發電是什麼？

開始囉……

核能發電和火力發電有一個很大的共通點。

火力與核能　發電原理

渦輪機

發電！

① 水被加熱產生水蒸汽。

② 水蒸汽的力量推動渦輪機旋轉。

③ 驅動發電機發電！

兩者都是將水加熱，形成水蒸汽，再利用水蒸汽推動渦輪機。

但是水的加熱方法不一樣嗎？

嗯……

沒錯！妳真聰明。火力發電使用化學能（石化燃料）。

核能發電則利用核分裂的能量。

火力發電

燃燒石化燃料（煤、石油、LNG）來加熱水。

核能發電

利用核分裂的能量來加熱水。

核分裂？
好像很難懂。

哈哈哈，
我會再仔細說明。

此外，一般來說，核能發電的**發電成本**，比其他發電方式要低。

而且不會排放二氧化碳，

但是……

CO_2

嗯？

但是具有**危險性**……

日本2011年發生了核電廠事故，使人們重新探討核電廠的設置……

大概是這個樣子。

嗯……

又是一個難以解決的問題……

⚡ 核分裂的原理

對了,
你們知道我頭上的
東西是什麼嗎?

當然知道!裝飾品啊。
我們外星人也有這樣的東西。

但你的髮飾沒有
我的好看!

這是**原子**的模
型啦!

原子結構…

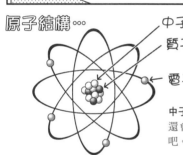

中子
質子 } 原子核
電子

中子和**原子核**,等一下
還會用到,先記起來
吧。

所有物質都是由**原子**
這麼微小的粒子所組成。

原子的中心是**原子核**,
原子核周圍圍繞數個電子。

原子核由「質子與
中子」緊密結合而成。

哇……

這是原子核啊……
剛剛提到的核分裂
是指這個原子核分
裂嗎?

沒錯。

我來介紹吧。

81

首先，採自礦山的天然鈾礦中，約有 0.7%是**鈾 235**，剩下約 99.3%是**鈾 238**。

核能發電需要的是**鈾 235**！

約 0.7%

約 99.3%

鈾 235 只有一點點啊？
為什麼核能發電需要鈾 235 呢？

因為鈾 235 比較容易分裂。

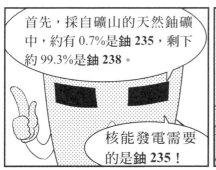

我很容易分裂喔～

嗯……
我不容易……

鈾 238 比較不容易分裂。

接著，當中子撞擊鈾 235……

鈾 235 原子核會分裂，釋放熱能和二至三個中子。

如下圖所示。

〈核分裂示意圖〉

我是鈾 235！

喔～～

分裂！

飛出二至三個中子！

這就是核分裂啊。

我是中子喔！

鈾 235 和中子相撞！

釋放熱能！

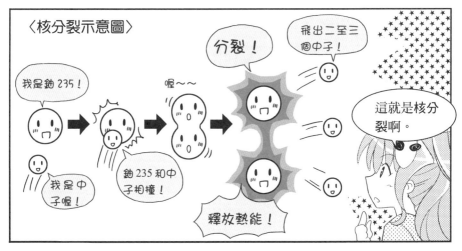

接下來是重點！

核能發電萃取天然鈾礦所含的鈾235，以這些純度較高的濃縮鈾為燃料。

燒烤鈾礦，固化成「燃料丸（pellet）」作為燃料。
參照 P.85。

鈾235
3%～5%

天然鈾礦
約有 **0.7%**是鈾 235

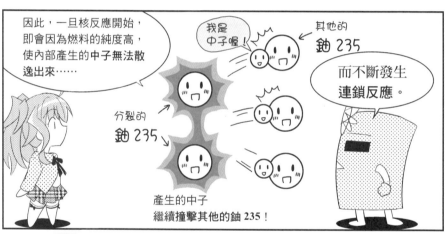

因此，一旦核反應開始，即會因為燃料的純度高，使內部產生的中子無法散逸出來……

我是中子喔！

其他的鈾 235

而不斷發生連鎖反應。

分裂的鈾 235

產生的中子
繼續撞擊其他的鈾 235！

原來如此……持續**連鎖核反應**，才能產生大量的熱能。

順帶一提，在核分裂的連鎖反應中，原子核的原子團須維持固定的數量，才能持續進行反應，此數量稱為**臨界量**。

※ 1g 的鈾 235 全部進行核分裂，產生約**兩千萬 kcal** 的能量，可將 200 噸水由 0°C 加熱到 100°C。

原子反應爐是什麼？

 接下來，我來說明核能發電的核心——**原子反應爐**。
原子反應爐是**維持核反應運作**，並取出能量的裝置。

 核分裂反應在原子反應爐中進行，**用核分裂的能量加熱水，形成水蒸汽……**

沒錯。日本使用的原子反應爐是「**輕水爐**」。輕水爐分為兩種。一種是「**沸水式反應爐BWR**」，於爐心產生水蒸汽；另一種是「**壓水式反應爐PWR**」，爐心產生高溫高壓的水蒸汽以後，送入蒸汽產生器，再把其他系統的水變成水蒸汽。

這裡以「沸水式反應爐」為例，如下圖：

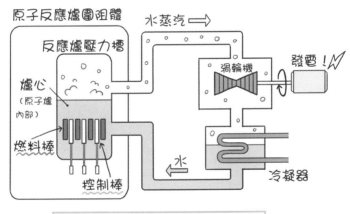

核能發電的過程示意圖

 在爐心生成水蒸汽啊。但是，什麼是燃料棒、控制棒……這些棒子很重要嗎？

 當然重要啊！非常重要！這些棒子是核能發電的關鍵。下一頁我們來好好討論吧。

燃料棒與控制棒

「燃料棒」如同其名，是燃料的棒子。

燃料棒裡面塞滿了「燃料丸」。

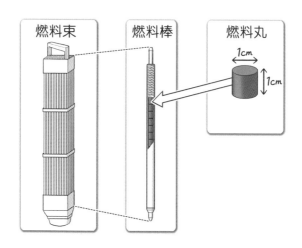

燃料丸由鈾礦燒烤固化而成。

一個燃料丸的尺寸，長寬大約都是一公分。一個小小的燃料丸即能供給一般家庭大約八個月※的用電量。

※以一個家庭一個月的用電量為 300kWh 來計算。

小拇指大小的燃料丸，竟然能提供這麼多能量。

我們將多個燃料棒束起來，構成「燃料束」，排列在原子反應爐的壓力槽內部。

沒有燃料就沒辦法發電呢。

我已瞭解燃料棒的重要性………但是「控制棒」又是什麼？有燃料棒即可進行核分裂反應吧？不需要其他東西吧？

妳錯了。有燃料棒的確能進行核分裂反應……但只有這樣是不夠的！

我們必須控制核能發電的連鎖反應，「核分裂必須以一定的速率進行反應」，因此應調整中子的數量。

啊！執行這項任務的是**控制棒**啊，直接以功能來命名……

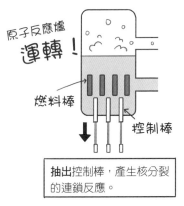

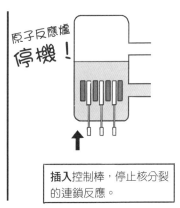

原子反應爐
運轉！

燃料棒
控制棒

抽出控制棒，產生核分裂的連鎖反應。

原子反應爐
停機！

插入控制棒，停止核分裂的連鎖反應。

請看上圖。控制棒以**容易吸收中子的物質**做成，利用**控制棒的抽插**，來調整中子的數量。

原來如此，燃料棒是燃料，控制棒則用來控制……兩者的確都非常重要，缺一不可！

減速材料與冷卻劑

 日本的原子反應爐是使用「輕水爐」（參照P.84），意指原子反應爐以輕水為「冷卻劑（或稱冷卻水）」及「減速材料」，而輕水是指普通的水。

 嗯？冷卻劑是什麼？
冷凝器為了使水蒸汽冷卻成液態水，而使用的冷卻水（參照 P.66），與此處的冷卻劑一樣嗎？

 啊……這裡的冷卻劑和冷凝器的冷卻水，在功能上有點不同。核能發電的冷卻劑用來接收核分裂所產生的熱能，並將熱能帶出原子反應爐。

輕水爐的冷卻劑——輕水（普通的水），功用在於轉變成水蒸汽的輕水可將熱能送到外界。如下圖所示。

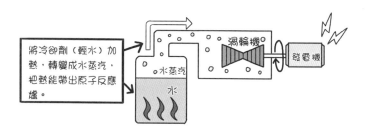

將冷卻劑（輕水）加熱，轉變成水蒸汽，把熱能帶出原子反應爐。

 雖然名為冷卻劑，最主要的功能並不是冷卻，而是**將熱能送到外界**。但就結果來看，的確有達到冷卻的效果啦……

沒錯。輕水爐所用的冷卻劑只是普通的水，但其他種類的原子反應爐所使用的冷卻劑則有所不同，例如空氣、碳酸氣、熔融的金屬鈉、氦氣……等。

嗯，我搞懂冷卻劑了！
那麼，「減速材料」又是什麼？

核分裂會撞出新的中子（參照 P.82），但是這些中子的速度非常快，必須降低它們的速度，鈾 235 的**原子核才會比較容易吸收**。**減緩中子速度**的任務，由減速材料——**輕水（普通的水）**負責。

像下圖一樣嗎？減速材料（普通的水）會影響原子核的命運嗎？

有減速材料，原子核才較容易吸收中子。

沒有減速材料，原子很難吸收中子。

對，如同控制棒可控制核分裂反應的速度，**減速材料也有控制的功能**。減速材料能控制中子的速度，間接達到控制核分裂反應的效果。

雖然只是普通的水，但很重要呢，核能發電真的不可思議。
明明只是普通的水卻相當重要；明明原理和火力發電相通，看似簡單，卻有如此大的能量……真是耐人尋味。

嗯。悠夢已大致理解，今天的課程到此結束吧。

啊，這位是我的表哥，片岡。

妳好

我的電力知識是跟他學的……

哇……並木弟竟然有這麼可愛的女朋友。

真是讓我吃驚。初次見面，我是片岡。

我們才不是那樣的關係……悠夢？

悠夢？

喂！悠夢！

其實我一開始就知道了，只是為了你表哥著想，才故意裝作沒有發現——

事後，悠夢如此聲明……

◆ 發電方式的搭配使用

　　日本的「各發電方式之發電量比例」如下圖所示。

　　雖然煤、LNG（液化天然氣）、石油等**火力發電**所佔的比例最高，但日本的火力發電燃料大多仰賴進口。2005 年，日本核能發電廠的數量增加，讓**核能發電**所佔比例增加到30%，而日本的**水力發電廠**幾乎皆已建設完成，所佔比例降至 10%左右。

　　2011 年，東日本大震災使核能發電廠相繼停機，發電量大為減少，因此以火力發電來彌補電力供應不足的部分。其中，**LNG 火力發電**的使用比例明顯增加。和煤、石油火力發電相比，LNG 火力發電效率較高且對環境的影響較小。

　　由此圖看不出**未來哪種發電方式會比較受矚目**，我們需要花上一段時間，才能知道何者能成為主要的發電方式。

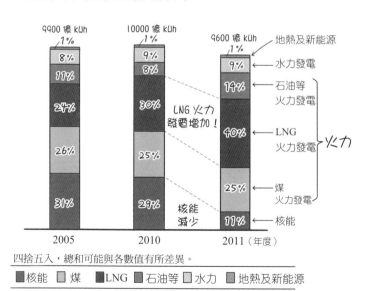

各發電方式之發電量比例

接下來，我們來看「各國不同發電方式之發電量比例」，如下圖所示。

由下圖可知，各個國家有明顯的差異，因為石化燃料的生產量、各國的地形、政策都不同。

在日本，**搭配使用各種發電方式**為目前的主流。日本屬於島國，能源的自給率低，為了分散風險，**發電方式多樣化**的策略是必要的。

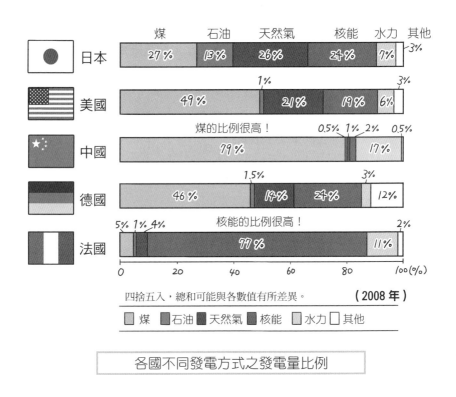

各國不同發電方式之發電量比例

第 **3** 章

輸 電

1 輸電系統

呵呵呵……
此處的輸電鐵塔如何佇立呢？

執念強太

在晴空之下，反射陽光的銀色鐵架，與湛藍無雲的天空形成強烈的對比，輸電導線隱匿其間，又難掩存在感。無盡綠地與連綿山巒，和輸電鐵塔的美互相調和，大自然與人工的結合多麼壯觀。融入街道的輸電鐵塔，又是另一種趣味，引起觀者一陣莫名的感動……

原來……

是你自己想來玩……

我的學習只是順便吧？

嗯，先不管這個。

我們一邊欣賞風景一邊學習吧。

之前我已稍微說明輸電和變電。（參照 P.10 和 P.40）

「輸電」是指將電力從發電廠輸送到變電所。

「變電」是指轉換電壓。

沒錯！

從發電廠到用戶……

電壓的變化如下頁圖所示。

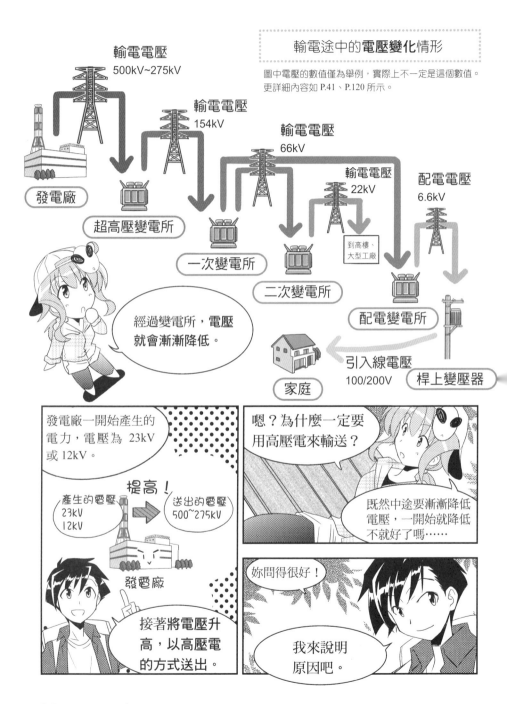

為什麼要用高電壓輸送電力？

為什麼要用高壓電輸送電力呢？

回答這個問題，必須先說明「**焦耳熱**」。

電流在輸電導線裡流動，電阻會使一部分的電能變成熱能（焦耳熱）。然而，這些熱能無法利用，**會散逸到空氣中**。

散逸！讓好不容易產生的電能白白浪費掉嗎？

嗯，這稱為**輸電損失（輸送損失）**。

根據下方的焦耳定律可知，焦耳熱與電流大小的平方成正比……

> ## 焦耳定律
>
> 熱能〔J〕＝電流〔A〕^{2}×電阻〔Ω〕×時間（秒）〔s〕

也就是說，「**電流越小，輸電損失越小**」嗎？

沒錯！輸送相同的電功率，電流越小，電壓越高，請看下圖的比較，因為電功率＝電壓×電流。

電壓低	電壓高
低電壓 ⇧ ⇧ ⇧ ⇧ 電流 ⇩ ⇩ ⇩ ⇩	高電壓 ⇧ ⇧ ⇧ 電流 ⇩ ⇩ ⇩
輸電過程所損失的電力較多，效率差。	輸電過程所損失的電力較少，效率高。

嗯，我懂了，用那麼高的電壓輸送電流，是為了**減少輸電損失**，提**高輸電效率**。

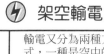

輸電又分為兩種方式,一種是空中的「架空輸電」……

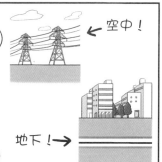

← 空中!

地下!→

另一種是地下的「地下輸電」。

「架空輸電」很常見。在街道上,常常可以看到路邊的輸電鐵塔,懸掛著輸電導線。

那麼……

妳看那座遠方的輸電鐵塔。

架空輸電除了輸電鐵塔和輸電導線,

架空接地線

絕緣礙子

輸電導線懸掛在絕緣礙子上

輸電導線

輸電鐵塔

還有「絕緣礙子」和「架空接地線」。

絕緣……

礙子?

這是絕緣礙子的形狀,以陶瓷做成。

絕緣礙子

能夠承受沈重的輸電導線,陶瓷材質不易裂化。

這裡有個專有名詞必需知道——泄漏電流（洩漏電流）的「絕緣」。

為了不讓輸電鐵塔有電流流經……

絕緣礙子有使輸電導線和輸電鐵塔絕緣的功能！

原來如此。

的確，若輸電鐵塔有電流流經，真的很危險。

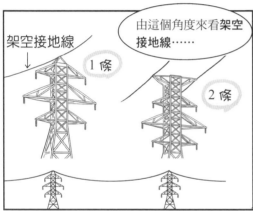

架空接地線

由這個角度來看架空接地線……

1條

2條

由此可知，輸電鐵塔的頂端用一至二條金屬線連接……

這些金屬線不是用來輸送電力，不會有電流流經。

那麼，為何要有這些金屬線呢？

架空接地線位於輸電鐵塔的最上面，可防止下面的輸電導線遭受雷擊。

如此……自我犧牲！不愧是架空接地線！

架空！

架空！

啊！啊！我絕不會讓雷流經！

架空

99

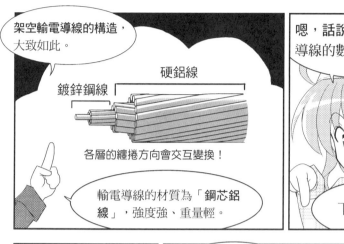

架空輸電導線的構造，大致如此。

鍍鋅鋼線

硬鋁線

各層的纏捲方向會交互變換！

輸電導線的材質為「鋼芯鋁線」，強度強、重量輕。

嗯，話說回來……輸電導線的數量還真多。

下圖就有六條！

輸電導線以三條為一回線，而且通常會架設二回線，總共六條輸電導線。

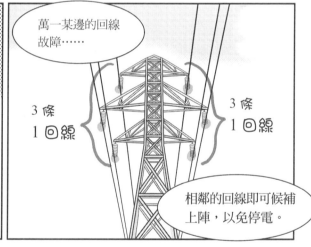

萬一某邊的回線故障……

3 條 1 回線

3 條 1 回線

相鄰的回線即可候補上陣，以免停電。

喔……

你們考慮得真周到。

順帶一提，架空輸電的「架空」……

是「架設在空中」的意思，……妳不覺得很酷嗎？

會嗎？

⚡ 地下輸電

我接著說明「地下輸電」吧。

這是某市區的地下輸電示意圖。

電力由發電廠輸送到都市，皆以**架空輸電**輸送……

架空輸電

變電所

經由地下電纜輸電

地下輸電

變電所

而都市內的電力輸送，大多採取**地下輸電**的方式。

原來如此。

並非每座城市皆有設立輸電鐵塔的地上空間。

但是，利用地下空間也不輕鬆吧……

會有鼴鼠、機械鼴鼠、怪獸鼴鼠戰車之類的出沒。

那是什麼鼴鼠全集啊？

地底下的確有很多障礙物。

例如瓦斯管、自來水管、地下水管……以及電話線等。

但是，不用擔心。

妳看下一頁的圖，地下空間已事先整備。

101

設有地下輸電導線的道路剖面圖

地下輸電導線設置在「管路」、「洞道」等地方。

管路引入式地下輸電導線

共同管

電話線

瓦斯管

自來水管

地下水管

地下水管

瓦斯管或自來水管

洞道式地下輸電導線

哇……有好多東西整齊設置在地下。

此外，地下輸電導線使用的是**電力電纜**。

最常用的是「**CV電纜**」，方便施工與保養。

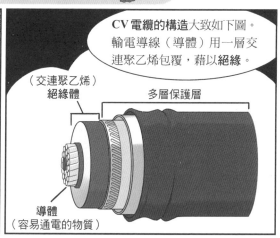

CV 電纜的構造大致如下圖。輸電導線（導體）用一層交連聚乙烯包覆，藉以**絕緣**。

（交連聚乙烯）絕緣體

多層保護層

導體（容易通電的物質）

電纜這麼謹慎地用絕緣物質包覆啊。

因為在空間狹窄的地底，若是漏電就糟了。

※ CV 電纜，為「交連 PE 絕緣 PVC 被覆電力電纜」。

地下輸電的
優點是，

輸電導線在地下，
不容易受到颱風、
落雷影響，

也能改善環境景觀。

不對！有輸電導線的景
觀，才是我的最愛啊！

但是不把自己的價值觀強加
給他人，才算
真正的愛！

但地下輸電
也有缺點——
建設成本比較高。

而架空輸電在地面上，所以
容易受到天候影響……

兩者各有利弊啊。

總之，我看透架
空輸電和地下輸
電了。

咦，
並木……

架空輸電和地下輸電，
你喜歡哪一種？

這是非常難答的問題，該怎麼說呢？考慮到地下輸電線路一般人很難看到，果然還是在
空中縱橫交錯，能隨意拍攝的架空輸電比較親切，但是，這樣輕率下結論好嗎？只用看
得到看不到來判斷，真的好嗎？不再考慮一下嗎？而且一想到此刻我的腳底下可能有輸
電導線在輸送電力，我就覺得地下輸電也不能割捨。猶如薛丁格的貓，沒有打開箱子，
不會知道裡面變成怎樣。的確，架空輸電只要抬頭，便可以判斷它是否存在，而從地面
看地下輸電，看不出個所以然，然而，這表示
它蘊含著無限可能性……

思緒紛亂

喂……並木，我肚子
餓，我們快回去吧。

103

2 輸電設備的事故對策

輸電導線等輸電設備……

不只美觀，事故對策也很完善。

機會難得，我們來學習架空輸電等設備的「防雷害對策」、「防積雪對策」，以及「防鹽害對策」吧。

不，並不會。

雷……雪……

鹽……嗎？

原來地球會天降鹽塊啊……

鹽害是指靠近海邊的地區，容易受到含有鹽分的海風、雨水侵蝕。

!?

⚡ 輸電設備的防雷害對策

 首先是「**防雷害對策**」啊。
雷害是指遭受雷擊時會出現的危害？

 雷擊可分為「**直擊雷**」與「**感應雷**」。「**直擊雷**」會產生**異常高壓電**，流入大量電流。「**感應雷**」則指雷擊打在輸電導線附近，輸電導線感應到異常電壓。這兩種情形稱為「**雷擊突波（Lightning Surge）**」。雷擊突波會產生過高的電壓，造成設備毀損！

發生雷擊突波，
電流會流過絕緣礙子表面
（**閃絡效應 flashover**），
造成絕緣礙子毀損。

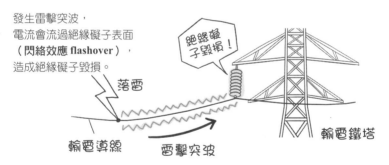

舉例來說，上圖表示雷擊打在輸電導線上，雷擊突波產生了大量電流，從輸電導線流向輸電鐵塔。
 這時會發生恐怖的事⋯⋯**絕緣礙子會因為過熱而壞掉！**

礙礙礙⋯⋯礙子！嗚⋯⋯太悲慘了⋯⋯

 絕緣礙子壞掉，會發生什麼事？
我記得⋯⋯絕緣礙子的功用好像是「**使輸電導線和輸電鐵塔絕緣**」！

對。若絕緣礙子有異常，輸電導線會經由輸電鐵塔連通地面，代表**輸送的電力會直接流向地面**！

這樣的輸電事故稱為「**接地**」。

哇！珍貴的電力浪費掉了！

也就是說，絕緣礙子毀損，即無法讓輸電導線和輸電鐵塔絕緣，無法輸送電力，必須趕緊修理。

既然妳已瞭解雷擊的恐怖，我們來看看四個**防雷害對策**吧。

首先是「**①弧形避雷器（arcing horns）**」。

為了防止雷擊突波破壞絕緣礙子，絕緣礙子的兩端會設置稱為弧形避雷器的金屬環，使電流流向避雷器，**避免大量電流流入絕緣礙子**。

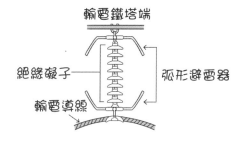

喔……單靠金屬環即能守護絕緣礙子啊！

除了絕緣礙子，雷擊突波也會破壞變電所的其他機具。

為了預防這種情形發生，需使用「**②避雷器**」！

將避雷器設置在機具上，**讓異常的電流直接流向地面**。

避雷器主要設置在電線桿和輸電鐵塔，變電所裡面的某些機具也有安裝。

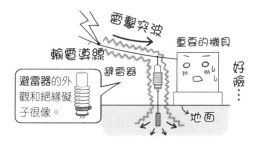

避雷器真是可靠！

「③架空接地線」 我們已經說明過（參照 P.99），但這裡要再補充。「③架空接地線」和「②避雷器」都必須「接地（earth）」。

接地？earth……不是地球、大地的意思嗎？

對。接地是將「電器設備的外殼、電路的一部分」和「地面」，用導體連接在一起的意思。（P.138 將說明「接地」）

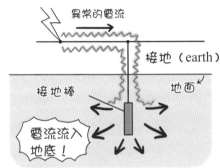

接地工程是指在地底深處，埋入「接地棒」的金屬棒。輸電鐵塔也有類似的功能。

如上圖所示，接地使我們可確保異常電流的流散方向，防止觸電意外，令人比較安心。

最後一個對策 「④接地工程」，意指做好正確的接地措施，使電流正確、快速流入地底。

「避雷器」和「架空接地線」因為正確接地，所以才能發揮功能。

對，「高壓系統設備」和「變壓器」等，也是接地工程所需的設備。（接地工程的種類將在 P.139 說明）

簡單來說，「引導雷擊造成的異常電壓，需要大地的幫忙」！
我已經完全瞭解防雷害對策了！落雷啊，放馬過來吧！

⚡ 輸電設備的防積雪對策

 接下來是「**防積雪對策**」。積雪是指輸電導線上堆積雪嗎？

 沒錯，輸電導線的積雪一開始只是一層薄薄的雪，但是那些積雪會滑向同一處，使那一處的積雪越來越厚，越來越重。最後輸電導線上會幾乎覆滿雪和冰的硬塊！

 積雪如此蠶食鯨吞，真是可怕！可是到了春天，雪就會融化吧？我們只需慢慢等……

 不，有些地方會下大雪，妳不能小看積雪的危害。若不管積雪問題，積雪的重量會造成輸電導線斷裂……亦即**斷線**！此外，即使情況沒有嚴重到斷線，也可能使輸電導線與鄰近的輸電導線接觸，造成「**短路**※」意外。

※電流不流經原本的路徑，而是流向比較短的路徑，亦即一般電線的短路現象。

 嗯？為什麼會因為積雪，和其他的輸電導線接觸？

 積雪使輸電導線增加重量，風吹過，輸電導線會因為重量和風共振，像鐘擺一樣擺來擺去，且**越擺越大**，發生「**微風震動現象（Galloping）**」。若積雪脫離輸電導線墜落，反作用力會造成**輸電導線跳動**，發生「**脫冰跳動現象（Sleet Jump）**」，這將引起無法預料的輸電導線碰觸和其他意外。

 原來如此，輸電導線搖晃和跳動都是很危險的事情。你別賣關子，趕快教我防積雪對策吧。

好。首先是「①**防積雪圓環**」，能夠使斜向滑動的積雪落下。堆積在輸電導線上的雪斜向滑動、旋轉，等積雪碰到圓環，即自然掉落。

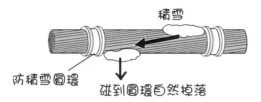

下一個是「②**避震器**」。積雪會造成多條輸電導線纏絞，導致輸電導線劣化。
在輸電導線上裝設避震器，**可以使輸電導線不容易扭轉、振動。**

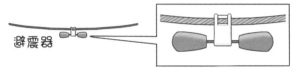

接著是「③**間隔器**（spacer）」。在輸電導線之間插入間隔器，**確保輸電導線的間隔空間。**若輸電導線產生微風震動和脫冰跳動現象，便能防止輸電導線彼此碰觸而短路。

最後是「④**融雪螺旋器**」，纏繞在輸電導線外圍，感應渦電流以發熱，藉此融化雪和冰，是非常好用的裝置。

喔！連雪怪都束手無策的四大防積雪對策！

⚡ 輸電設備的防鹽害對策

最後是「防鹽害對策」。

在近海地區所設置的輸電導線和變電所，容易受到空氣中含有鹽分的飛沫侵蝕，**加速機具的劣化**，稱為鹽害。

這點我知道喔！

喔……最令人擔憂的是，鹽分侵蝕會**使絕緣礙子的「絕緣」能力降低**。雖然鹽沒有辦法導電，但鹽溶入水中即成為強電解質，可以通電。

哇……若絕緣礙子的絕緣效果低落，使電力泄漏電流就不好了。

這可能造成類似接地的輸電事故。

沒錯，接著來介紹**五大防鹽害對策**，前三個是針對絕緣礙子的對策。第一個是「**①強化絕緣礙子的絕緣能力**」，可直接強化絕緣礙子！

將礙子串連成特殊的「**長桿絕緣礙子**」或「**耐鹽害絕緣礙子**」，增強絕緣效果。

喔，絕緣礙子分成好幾種啊。

長桿絕緣礙子
在中實的（中間實心沒有孔洞）裙遮陶瓷棒的兩端，利用金屬零件連接，串接數個絕緣礙子。

一般絕緣礙子　　　耐鹽害絕緣礙子

耐鹽害絕緣礙子
又稱作「耐鹽絕緣礙子」。
和一般絕緣礙子相比，表面積
大，裙遮的內褶深度也較深。

下一個是「**②清洗絕緣礙子**」。
定期停止輸電作業，**清洗絕緣礙子以維持絕緣功能**，或保持活線狀態（輸電導線有電流流通的狀態），以噴水的方式清洗。

為了不降低絕緣效果，不使鹽分侵蝕絕緣礙子，我們必須經常清洗絕緣礙子的表面啊。

「**③使用耐高壓絕緣塗料**」是在絕緣礙子表面塗上一層**矽油膏或矽橡膠、矽樹脂**等耐高壓絕緣物質。
絕緣塗料因表面接觸角大，能直接使含有鹽分的雨水形成個別獨立的水珠，而不會形成導電的水通路。

喔！再也不怕下雨天了！
雨水形成一個個獨立水珠，鹽分便難以附著在絕緣礙子上，形成導電的通路。

還有其他比較特殊的對策。「**④隱藏機具設備**」為了不讓鹽分附著，直接將變電設備設置在**屋內或地下室**，輸電導線改成地下電纜，以此解決輸電問題。

嗯……這方法雖然單純……但我完全沒有想到！
的確，建築物內不易受到含有鹽分的風雨影響。

「**⑤變更設置場所**」直接變更輸電導線和變電所的設置地點，解決根本的問題！**遠離海邊！**

的確，在建設的規劃階段，仔細考量建設地點是很重要的。好，雖然防鹽害對策並不簡單，但我已經全部掌握。

輸電設備的事故對策總整理

統整一下學到的對策，大致如下。

防雷害對策

①**弧形避雷器**……裝在絕緣礙子兩端的金屬環（防止絕緣礙子毀損）。
②**避雷器**……裝在機器上，引導異常電流到地面（防止機器毀損）。
③**架空接地線**……連結輸電鐵塔最頂端的避雷線（金屬製，防止其他輸電導線遭到雷擊）。
④**接地工程**……將金屬棒埋入地底，完成接地工程（讓泄漏電流流入地面）。

防積雪對策

①**防積雪圓環**……為輸電導線套上圓環（讓積雪自然掉落）。
②**避震器**……在輸電導線掛上重錘（防止輸電導線扭轉）。
③**間隔器**……安裝在輸電導線之間，確保輸電導線的間隔（防止輸電導線彼此碰觸）。
④**融雪螺旋器**……纏繞在輸電導線外圍（利用渦電流產生的熱，融化冰雪）。

防鹽害對策

①**強化絕緣礙子的絕緣能力**……串連數個絕緣礙子、使用特殊絕緣礙子（強化絕緣效果）。
②**清洗絕緣礙子**……定期清洗絕緣礙子（洗去鹽分等髒污，維持絕緣效果）。
③**使用耐高壓絕緣塗料**……在絕緣礙子的表面塗上耐高壓絕緣物質（防止含鹽雨水形成水通路）。
④**隱藏機具設備**……將變電設備設置在屋內或地下室（防止鹽分附著）。
⑤**變更設置場所**……不將輸電導線、變電所設置在海邊（從根本解決問題）。

這些對策除了用在「輸電」，也可用在「配電」。
舉例來說，電線桿的輸電導線（**配電線**）也需要**架空接地線**，配電亦需要**接地**措施。

輸電設備的事故對策到此為止。

我們不能疏忽這些對策，才能維持輸電導線威風凜凜的雄姿……

喂喂……

隔醉中

輸電導線好厲害……

但它那微妙的鬆弛弧度,不能除去嗎?

對聰明伶俐的悠夢而言,那個樣子看起來真是散漫……

說實話,真的很不像話。

鬆弛～～

難道不能拉得緊繃一點嗎?這樣也能節省輸電導線的長度啊。

外行人真的是……

什……什麼啦?

架設在輸電鐵塔間的輸電導線,本來就會因為輸電導線本身的重量而鬆弛下垂……

而且,輸電導線的鬆弛是有原因的!

如果拉得太緊繃，輸電鐵塔和輸電導線之間會產生不必要的張力！

最後的下場——不是輸電鐵塔倒塌，就是輸電導線斷線，非常危險！

這……這樣啊……還是維持鬆弛比較好。

但是！如果輸電導線太過鬆弛……

風造成的晃動又突然變大，也可能發生輸電導線碰觸斷線的危險！

此外，輸電導線會因為季節的溫度變化，改變長度……

夏天會伸長，冬天會縮短，我們必須考量這個因素。

在冬天，輸電導線被冰雪附著，也會造成輸電導線重量增加，所以必須……

想不到輸電導線是這麼麻煩的東西……

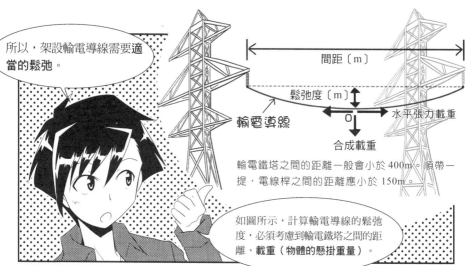

所以，架設輸電導線需要適當的鬆弛。

間距〔m〕

鬆弛度〔m〕

輸電導線

水平張力載重

0

合成載重

輸電鐵塔之間的距離一般會小於400m。順帶一提，電線桿之間的距離應小於150m。

如圖所示，計算輸電導線的鬆弛度，必須考慮到輸電鐵塔之間的距離、載重（物體的懸掛重量）。

※鬆弛度的計算會在 P.127 解說。

舉例來說，起風會產生水平方向的風壓載重……

狂風呼嘯…

嗄

沉重積雪

冰雪附著於輸電導線，會產生垂直方向的冰雪載重。

那微妙的鬆弛度需要經過精密計算啊？

嗯…

微妙？

不對！是絕妙！悠夢！我想妳無法理解吧……美妙曲線的電線之美！

指！

又開始了……

115

⚡ 小鳥為什麼不會觸電？

 有好多事故對策的專業術語，例如**斷線**（參照P.108）、**短路**（參照P.108）、**接地**（參照P.107）……

 這些事故不只可能發生在輸電鐵塔的輸電導線，電線桿的輸電導線（**配電線**）也可能發生。此外，蛇等動物纏到電線，也會造成短路。

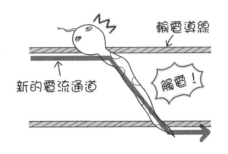

輸電導線

新的電流通道

觸電！

 因為蛇的身體變成電流通道！意外形成兩條輸電導線之間的最短距離……導致短路！

 兩條以上的輸電導線之間，若纏上**動物身體**形成「新的電流通道」，即會造成意外，這條蛇會直接觸電，真可憐……

 但是小鳥停在電線桿的輸電導線上，為什麼沒有觸電？因為牠只踩在**一條輸電導線**上，所以沒有發生事故嗎？

 沒錯。請看右頁圖的注意部分。「小鳥的左腳→小鳥的身體→小鳥的右腳」雖然形成一條新的電流通道，但是**「通過小鳥身體的路線」和輸電導線相比，前者的電阻大於後者**，小鳥兩腳之間的輸電導線電阻幾近於零，電流會走最容易流通的路線……亦即**電阻最小的路線**，所以電流會無視「通過小鳥身體的路線」，直接流經輸電導線，小鳥不會觸電！

嗯，小鳥踩在一條電路上，比起「通過小鳥身體的線路」，有電阻更小的線路存在，所以小鳥才能獲救嗎？

沒錯。然而，若是小鳥踩在兩條輸電導線上，線路就只有「**通過小鳥身體的線路**」！小鳥連接兩條輸電導線，而沒有其他電阻較小的線路，所以雖然小鳥身體的電阻很高，電流還是會流經牠的身體。但一般的小鳥體型都不大，不太可能一次踩兩條輸電導線。

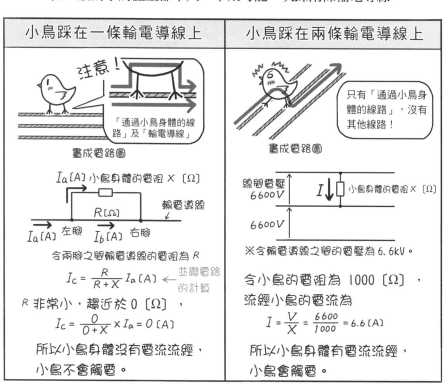

小鳥踩在一條輸電導線上	小鳥踩在兩條輸電導線上
注意！ 「通過小鳥身體的線路」及「輸電導線」 畫成電路圖 I_a〔A〕小鳥身體的電阻 X〔Ω〕 R〔Ω〕 輸電導線 I_a〔A〕左腳 I_b〔A〕右腳 今兩腳之間輸電導線的電阻為 R $I_c = \dfrac{R}{R+X} I_a$〔A〕← 並聯電路的計算 R 非常小，趨近於 0〔Ω〕， $I_c = \dfrac{0}{0+X} \times I_a = 0$〔A〕 所以小鳥身體沒有電流流經，小鳥不會觸電。	只有「通過小鳥身體的線路」，沒有其他線路！ 畫成電路圖 線間電壓 6600V $I\downarrow$ 小鳥身體的電阻 X〔Ω〕 6600V ※今輸電導線之間的電壓為 6.6kV。 今小鳥的電阻為 1000〔Ω〕，流經小鳥的電流為 $I = \dfrac{V}{X} = \dfrac{6600}{1000} = 6.6$〔A〕 所以小鳥身體有電流流經，小鳥會觸電。

原來如此，「電流的通道」真的很重要。
若想要享受觸摸輸電導線的刺激，必須注意這點！

我說妳啊，市區的配電線（電線桿的輸電導線）又稱為**絕緣電線**，雖然大多數都以不易導電的材質包覆……但不代表沒有危險。
妳絕對不能碰觸輸電導線，輸電導線可不是用來摸的！

3 變電所的構成

（參照 P.41、P.96）

變電所的機具設備

我有一個問題……

說明「變電所」不是常常用到這個圖示嗎？

由此可見，變電所裡面有機器人吧？

才沒有！

變電機器人
亨阿基

這是代表變電所裡面的「變壓器」啦！

而且，變電所裡面除了變壓器，還有其他機具設備！

變電所的機具設備

變壓器……轉換電壓（提高電壓，稱為**升壓**；降低電壓，稱為**降壓**）。
遮斷器……電力輸送、停止的開關。若發生事故會自動遮斷電力。
斷路器……切斷電力的開關，以便檢查輸電裝置。
避雷器……將遭受雷擊的電流直接導向地面，以保護變電所的機具設備。

取自：不動弘幸著《電驗三種 完全攻略 改訂第 4 版》P.150（2012，歐姆社出版）

電流從一次端流入，經變壓器降低電壓，再由二次端流出。

119

⚡ 變電所的種類

話說回來⋯⋯從超高壓變電所、一次變電所、二次變電所到配電變電所，電力必須經過好幾個變電所，真的很複雜。
感覺非常⋯⋯麻煩。

妳看下面的電力系統圖，會比較容易瞭解各個變電所的功能。這和P.41 的圖大致相同，現在請妳仔細觀察各個變電所。

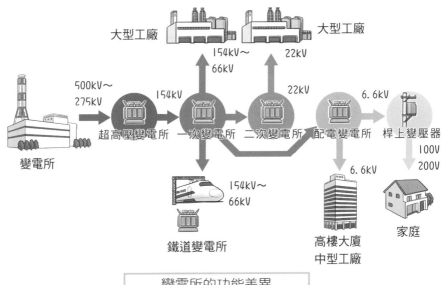

大型工廠　　　　　　　　大型工廠

154kV～　22kV
66kV

500kV～　154kV　　22kV　　6.6kV
275kV

超高壓變電所　一次變電所　二次變電所　配電變電所　桿上變壓器

變電所　　　　　　　　　　　　　　　100V
　　　　　　　　　　　　　　　　　　200V

154kV～
66kV　　6.6kV

鐵道變電所　　　　　　高樓大廈　　家庭
　　　　　　　　　　　中型工廠

變電所的功能差異

喔！上圖讓我一眼看出它們的不同。

「**超高壓變電所**」離發電廠最近，要處理的**電壓最高**。
「**一次變電所、二次變電所**」直接分配電力到**大型工廠、鐵道**。
「**配電變電所**」離民宅最近，處理的**電壓最低**。

瞭解各個變電所的功能很重要喔！
「輸電」的課程到此為止！

121

喂！我之前就想問你……

這個星球有動態記錄的機器吧？例如錄影機……

動態記錄不是比靜態的畫面記錄好嗎？

怎麼說呢……
這並不是相片好不好的問題。

我只是想……珍惜這一瞬間的永恆回憶。

美麗的東西、稀奇的東西……

不想忘記的東西——

這些東西讓我不禁產生拍照的感動、衝動，我渴望完全忠於慾望的那一剎那……

……

你們的文化真難理解……

話說回來，悠夢……

我……
我有個請求，這個請求可能有點任性……

!!

驚

◆ 直流供電

大部分的人都認為，輸電方式只有「交流電」，其實還有「直流電」的輸電方式，稱為「**直流輸電**」，也就是**HVDC**（High-Voltage Direct Current transmission）。

使用交流電，會因為「線路電感」和「對地靜電容量」，造成電壓不穩，而且須考慮到**同步**的問題，使用直流電即沒有這些問題。當然，目前大多數的電力系統還是使用交流電，因此使用直流電需另外設置**系統連結設備**（連結整個區域的聯絡線）。

交直流的轉換通常使用閘流體（Thyristor）的「**他勵式電力變換設備**」。他勵式是指運作機器，需要由外部提供電源，設備的輸出頻率和電源的頻率相同。與此相反的是**自勵式**，輸出頻率並不固定，可以隨意變換。

直流電可分為「電纜輸電區間」和「架空輸電區間」，而電纜輸電區間以路上電纜和海底電纜所構成。

在日本，下列地點會採用直流輸電，**目的都不太相同**。你可以在下頁的圖中，觀察這些地點的大略位置關係。

「採用直流電的目的」和實例

①**構成長距離輸電系統**
　　例：北本直流聯結設備（日本北海道和本州之間的聯結設備）
　　　　紀伊水道直流輸電設備（日本阿南紀北直流幹線）

②**連接不同頻率的系統（轉換頻率）**
　　例：日本的新信濃頻率轉換所、佐久間頻率轉換所、東清水頻率轉換所

③**解決環狀系統難以控制電力潮流的問題**
　　例：日本的南福光聯結所

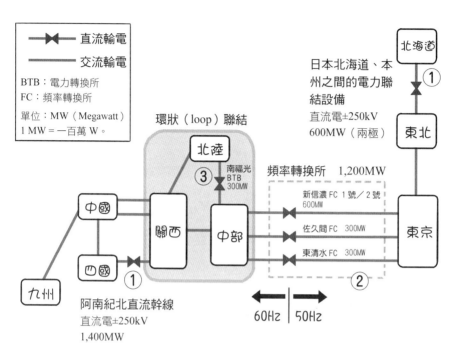

◆ 鄰避效應

　　根據某地區的發展計劃，該地有必要裝設某種設施，但鄰近的居民反對這些設施建在自家附近，這些居民及他們的反對行動稱為「鄰避」。

　　鄰避（NIMBY）是「Not In My Back Yard」的簡稱。

　　在日本，這類設施被貼上許多負面標籤，例如「麻煩設施、嫌惡設施、忌避設施」，較常見到的例子有：**污水處理場、掩埋場、葬儀社、監獄**等。

　　在美國，這樣的問題比較嚴重，目前多數日本人尚未注意到這些問題。

　　與電力系統相關的鄰避問題包含**發電廠、輸電鐵塔、水壩**等設施，雖然這些是生活所需的設施，但人們不喜歡建在自家附近。

◆ 輸電導線鬆弛度的計算

本章我們學到輸電導線的鬆弛度（參照 P.115）。
最後我來介紹鬆弛度的計算吧。
架設輸電導線要拉多鬆，是根據這個計算值來調整的。

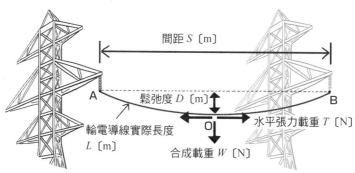

間距 S〔m〕

鬆弛度 D〔m〕

輸電導線實際長度 L〔m〕

水平張力載重 T〔N〕

合成載重 W〔N〕

A   O   B

■ 求鬆弛度 *D* 的公式

如上圖，輸電導線（配電線）在AB兩支撐點之間，不能有高低落差，必須維持相同高度，保持水平。

此時輸電導線的鬆弛度 *D* 即為「水平線 AB」和「輸電導線的最低點 O」的距離。鬆弛度 *D* 的計算如下：

$$D = \frac{WS^2}{8T} \quad \text{〔m〕}$$

W：輸電導線每1m所承受的合成載重，包含風壓載重〔N〕
T：輸電導線水平方向的張力載重〔N〕
S：間距（輸電導線兩支持點之間的距離）〔m〕
※N（牛頓）表示力量大小的單位。

■ 求輸電導線實長 *L* 的公式

求輸電導線的實長（實際長度）*L*，需用到間距*S*、鬆弛度*D*，公式如下：

$$L = S + \frac{8D^2}{3S} \quad \text{〔m〕}$$

127

第**4**章

配電

1 配電方式

今天的餐點是……

拿出！

用電子鍋烤的
超大蛋糕！

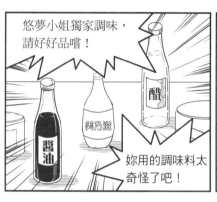

悠夢小姐獨家調味，
請好好品嚐！

醬油

美乃滋

醋

妳用的調味料太
奇怪了吧！

如何？
好吃嗎？

能在家裡使用電力，都要感
謝「配電」！

今天來學習配
電吧～♪

料理的感想呢？

配電示意圖

電線桿

配電變電所

變壓器

工廠

家庭

（參照 P.10）

配電……

是指「將輸送到配電變電所的電力，分配給各家庭、工廠」吧。

沒錯。

妳看窗外的電線桿。

嗯？
電線桿？

電線桿上面有個像水桶的東西吧？

那是桿上變壓器，扮演著重要的角色。

既然叫做變壓器……是改變電壓的東西吧！

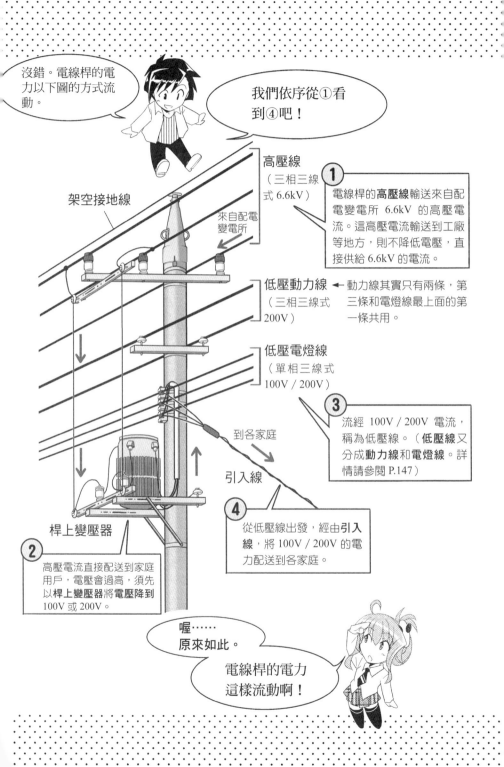

變電機器人
亨阿基

可是，這個變壓器和變電所的機器人，長得不太一樣……

這是什麼

那不是機器人啦！雖然外觀不一樣，但基本原理是相同的。

變壓器的原理

輸入 ⇨

鐵芯

⇨ 輸出

線圈的圈數比：2　　　線圈的圈數比：1

舉例來說，「輸入端2：輸出端1」的比例，交流電的電壓**大約會下降成一半**。

變壓器包含輸入端和輸出端，兩者線圈圈數不一樣……

依據不同的線圈圈數比例，來改變交流電的電壓。

比想像的簡單！

真是便利，每戶人家都裝一台吧。

事不宜遲……

我就知道

伸長

Stop！
妳那樣做是犯罪。

⚡ 一般家庭的配電方式

接下來是重點。

🏠 一般家庭

燈力用電（小型電器，例：日光燈）

• 單相二線式
• 單相三線式

🏭 小型工廠

動力用電（工廠機台的馬達）

• 三相三線式

燈力、動力用電

• 三相四線式

※除了這些，還有其他方式喔。

配電給用戶的「配電方式」，分成很多種。

好像很難……

先說明燈力用電（一般家庭）的「單相二線式」和「單相三線式」吧。

單相……相的數量好像是「**波形的數量**」。（參照 P.39）

沒錯，妳沒忘記啊。

我來講解比較複雜的重點，要認真聽喔，悠夢。

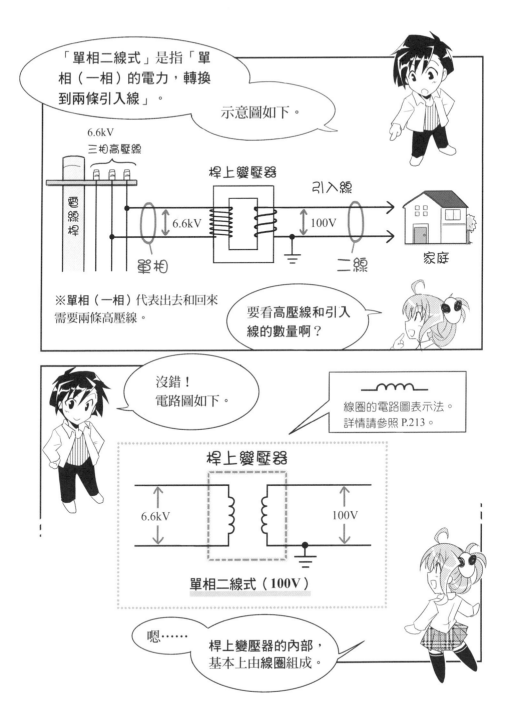

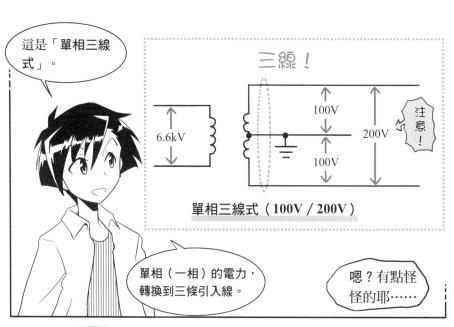

這是「單相三線式」。

三線！

6.6kV

100V

100V

200V

注意！

單相三線式（100V / 200V）

單相（一相）的電力，轉換到三條引入線。

嗯？有點怪怪的耶……

「單相二線式」只有100V，「單相三線式」卻有200V。

妳注意到啦！

若需要 200V 電壓，配電方式應選用「單相三線式」！

100V

200V

重要！

插座

實際上，根據不同配電方式，家中插座的電壓會有所不同。

這個我會再解釋。

另外……電路圖的這個記號是什麼？

這個！

啊……那是「接地（earth）」（參照 P.107）。

接地可防止觸電，萬一發生事故，還能引導電流流向地面。

若變壓器故障，使高壓電直接流入家裡，後果會非常嚴重。

異常電流

盡可能在電阻低的地盤深處，埋接地棒。

接地（earth）

接地是一種安全措施啊。

火線

中性線

火線

有接地的火線稱為「中性線（接地電線）」，它扮演著重要角色，好好記起來。

遵命！

⚡ 接地工程的種類

 順帶一提，接地工程共有四種類型，如下表，依據不同的電壓和設備性能分類。

※電壓分為低壓、高壓、特高壓，將於 P.145 說明。

說明配電所提及的避雷器（參照P.106）即屬於「A種接地工程」。
洗衣機等低電壓家電，屬於「D種接地工程」。
中性線和變壓器屬於「B種接地工程」。
接地工程分為好幾種啊。

種類	內容與規定
A 種接地工程	適用於高壓與特高壓系統的機具外殼、輸電鐵塔的接地和避雷器。接地電阻值在 10Ω以下。
B 種接地工程	適用於高壓與特高壓的變壓器，以及**低壓變壓器的低壓端中性點**（若沒有中性點，則為低壓端的一接頭）。對地電壓原則上控制在 150V。
C 種接地工程	適用於超過 300V 的低壓系統機具外殼、輸電鐵塔的接地等。接地電阻值在 10Ω以下（若遮斷器運作時間小於 0.5 秒，則為 500Ω）。
D 種接地工程	適用於低於 300V 低壓系統機具外殼、輸電鐵塔的接地、洗衣機等。接地電阻值在 100Ω以下（若遮斷器運作時間小於 0.5 秒，則為 500Ω）。

註：上表適用於日本地區，台灣則是分為特種、第一種、第二種、第三種，內容與規定也不同於日本。

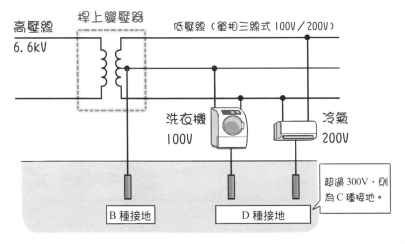

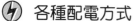

各種配電方式

唉……
「單相二線式」、「單相三線式」真複雜……

但我不愧是知性的悠夢！輕鬆理解！我真是聰明啊！

喔——

太好了。

剛剛講的都是一般家庭的配電，接下來說明小型工廠動力用電的配電吧。

我先介紹適用於工廠、大樓的低壓「三相三線式」和「三相四線式」。

什麼？

嗯……休息一下都不行，根本在虐待外星人……喘口氣不是很好嗎？

鬱…悶…

這麼鬱悶？

說得好像必須喘口氣才是有意義的人生，妳在說什麼傻話啊。

剛剛解說「單相」，這次是「三相」……

嗯……

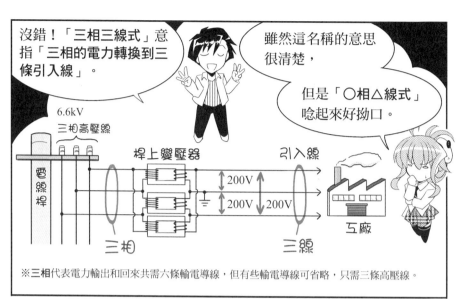

沒錯!「三相三線式」意指「三相的電力轉換到三條引入線」。

雖然這名稱的意思很清楚,

但是「○相△線式」唸起來好拗口。

6.6kV

三相高壓線

電線桿

桿上變壓器

引入線

200V
200V 200V

三相

三線

工廠

※三相代表電力輸出和回來共需六條輸電導線,但有些輸電導線可省略,只需三條高壓線。

呵呵,我就知道妳會這麼想。

實際上,
○相△線式可以……

咚!

例如,「三相四線式」可表示成「3Φ4W」!

表示成「○Φ△W」的形式。

喔!看起來更簡單……

奇怪?本質上好像沒有改變耶……咦?

接著我們來說明「三相三線式」、「三相四線式」的特色與電路圖吧!

⚡ 工廠、大樓的配電方式

我來介紹「三相三線式」吧。
這個是**工廠（使用馬達者）**經常使用的配電方式。

對耶！你說過「三相交流比較適合用來驅動工廠機器的馬達。」

妳記得真清楚，沒錯！
三相交流的變壓器**接線方式**（輸電導線的連接方式）又分成不同種類。我們依順序來看。

> 三相三線式（Δ接法、Y 接法）

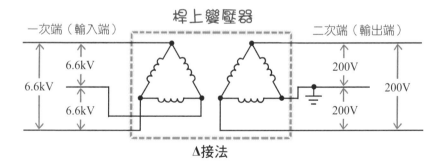

Δ接法

↑上圖將變壓器的「一次端（輸入端）」、「二次端（輸出端）」皆畫出來，下面我只用「**二次端（輸出端）**」的電路圖來說明喔。

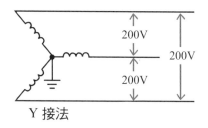

Y 接法

首先，三相三線式有「Δ（三角形）接法」和「Y（星形）接法」兩種接線方式。

兩種都使用一個三相變壓器和三個單相變壓器構成。

工廠的馬達電源最常用「三相三線式（Δ接法、Y 接法）」。電壓通常是 200V 和 400V。

三相三線式（V 接法）

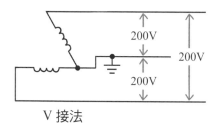

V 接法

比起Δ接法和 Y 接法，三相三線式的「V 接法」，輸出功率只有前兩者的 57.7 %，變壓器容量的利用率只有前兩者的 86.6 %，整體來講，效率比較差。

但是，V 接法的接線方式只需要兩個單相變壓器！若Δ接法所用的三台變壓器中有一台故障，只要換成V接法即可用剩下的兩台繼續維持三相配電。

嗯……V接法雖然效率較差，但還是有優點。

各種接法的線路構成形狀如同其名，呈現Δ、Y、V 的形狀，很好記。

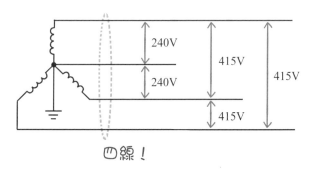

四線！

「三相三線式」介紹到這裡……
接下來介紹「三相四線式」。

四線……
上圖顯示同樣是三相的電力，卻有**四條輸電導線**。

嗯，這四條同時供應**小型電器**和**機器動力**所需的電力。
電壓通常會維持在 **415V**、**240V** 以下。
較大型的工廠和大樓通常區分成 415V 供應機器**動力**，240V 供應**小
型電器**。引入的高壓電經過大樓的變壓器，利用三相四線式來配
電。

喔！同時供應給小型電器與機器動力啊！
415V 和 240V 的電壓是一般家庭所用電壓（100V）的數倍，真是強
力的電壓。

沒錯。配電方式的說明到此為止。
配電方式很多種吧？

「一般家庭」和**「工廠大樓」**需要的電力不一樣，各有適合的配電
方式。

⚡ 依電壓分類

嗯……「配電」表面上只是配送電力，像快遞一樣，但配送是件辛苦的事啊……

哇—　電力給妳—

那是什麼比喻啊？有時候我真的會忘記妳是外星人！

說明完「配電的方式」，還需瞭解「配電的種類」。

還有啊？我知道了，你是想要讓我精神混亂，好讓我的幹勁變成零吧。不愧是卑鄙惡劣的地球人！

冷靜下來，外星人！

其實，根據電壓的不同，配電方式又可分成三種「配電的種類」。

如右表，

電壓的區分（交流電的情況）

低壓	小於 600V
高壓	大於 600V，小於 7kV
特高壓	大於 7kV

喔—

配電方式可分為「低壓配電」、「高壓配電」、「特高壓配電」三種。

145

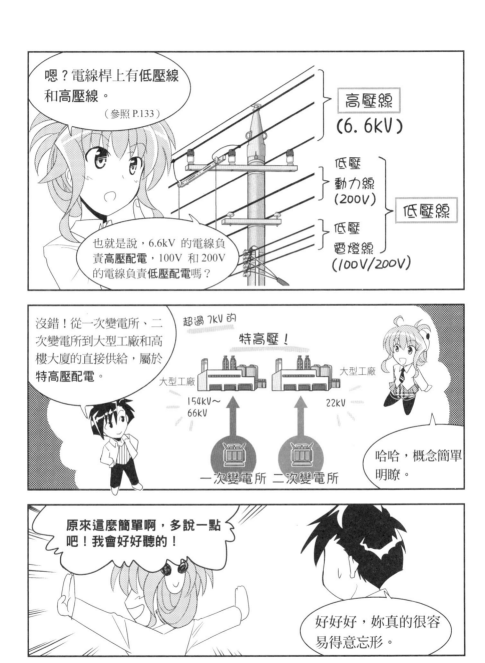

嗯？電線桿上有低壓線和高壓線。

（參照 P.133）

高壓線
(6.6KV)

低壓動力線
(200V)

低壓電燈線
(100V/200V)

低壓線

也就是說，6.6kV 的電線負責高壓配電，100V 和 200V 的電線負責低壓配電嗎？

沒錯！從一次變電所、二次變電所到大型工廠和高樓大廈的直接供給，屬於特高壓配電。

超過 7kV 的
特高壓！

大型工廠

大型工廠

154kV～66kV

22kV

一次變電所 二次變電所

哈哈，概念簡單明瞭。

原來這麼簡單啊，多說一點吧！我會好好聽的！

好好好，妳真的很容易得意忘形。

⚡ 低壓配電、高壓配電、特高壓配電

低壓配電

按照順序說明吧！

「高壓配電的 6.6kV」經過桿上變壓器轉換，再經「**單相三線式 100V / 200V**」和「**三相三線式 200V**」轉換的配電方式是**低壓配電**。

「單相三線式 100V / 200V」適合一般家庭、商店使用，用於日光燈、家電等。

「三相三線式 200V」適合小規模的工廠，用於機器的**馬達**。

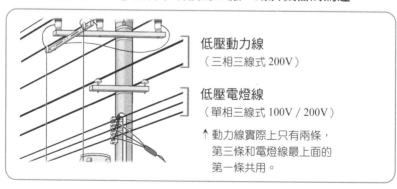

低壓動力線
（三相三線式 200V）

低壓電燈線
（單相三線式 100V / 200V）

↑ 動力線實際上只有兩條，
第三條和電燈線最上面的
第一條共用。

原來如此，「**低壓動力線**」、「**低壓電燈線**」有各自的功用（參照 P.133）。和一般家庭最相關的是**低壓電燈線**啊。

147

高壓配電的電線桿高壓線使用三相三線式 6.6kV。
高壓配電的供給方式分為「**樹狀方式**」和「**環狀方式**」。

嗯？供給方式？

簡而言之，供給方式是指「**電線的路徑**」、「**電線網的分布**」。看示意圖吧！

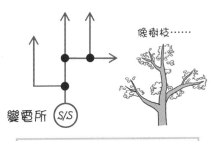

像樹枝⋯⋯

優點：可因應需求量的增減自由調配、故障的電線很容易拆除、成本低。
缺點：電壓損失和電壓變動較大、可靠性低。

樹狀方式的示意圖

嗯，「**樹狀方式**」如同主幹長出的分枝，名符其實啊。

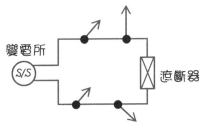

變電所

遮斷器

優點：電力損失較少、不易使電壓下降、即使部分故障也能繼續供給電力。
缺點：雖然可靠性高，但維護方法較複雜。

環狀方式的示意圖

 「**環狀方式**」以來自變電所的**二回線配電線**，連接成環狀。即使有某處故障，也能逆向回轉，繼續供給電力！所以這種方式適合電力負載密度較大的地區，如：都市。

特高壓配電

特高壓配電針對電力需求量的增加而設計，採用**三相三線式 22kV** 或 **66kV**。

供給方式除了樹狀方式和環狀方式，還有「**局部網路方式**（Spot Network）」和「**正規網路方式**（Regular Network）」。

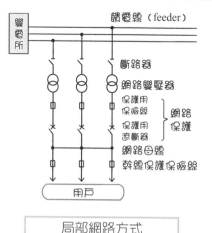

| 局部網路方式 | 正規網路方式 |

兩者的優缺點相同。

優點：即使其中一回線故障，也可以用其他回線供給電力。

缺點：建設成本很高！

「**局部網路方式**」適合集中式的**大量用戶**，例如：高樓大廈。

來自變電所的**二至三回線配電線**（＝饋電線、feeder）接受電力，且並列變壓器的二次端（輸出端）。

有二回線以上的預備用配電線，適合絕對不能停電的設施。

「**正規網路方式**」以負載密度大的區域為對象，例如**大都市鬧區的一般低壓用戶**。以來自變電所的二至三回線配電線（＝饋電線、feeder）接受電力，利用**網眼狀**配電幹線供給電力，遍及都市的各個角落。

「局部」指特定地點，適合有大量用戶聚集的地方。「正規」則能覆蓋較廣的區域。我瞭解了！

2　家庭的電流

接下來，我們來想想家裡的電流吧。

不要 我的腦力只剩一點點！太難的，我不要！

不要

沒事的……

接下來要說的是和這個房間密切相關的內容。

如下圖，從引入線到插座的配線，即為「室內配線」。

我順著電流的流向以①至③的順序介紹。

這樣啊

①　引入線
桿上變壓器將電力的電壓變為100V 或 200V，再經由引入線分配至各家庭。

②　電錶
引入的電力會先流經「電錶」……

③　配電盤
最後進入建築物中的「配電盤」，再經由配電盤輸送電力到各房間的電燈或插座。

這就是這個房間的配電啊！所有設備都在這裡！

我看看…

電錶在房外，靠近門口的地方……

配電盤在室內的牆壁上……

插頭到處都有！

我真意外妳會如此熱衷於學習。

這是當然，你外出的時候，這房間的每個角落，我都仔細翻過……

每個角落！

呵呵呵

什麼？

我們……實際看看這些設備吧。

「電錶」是測量電量的裝置。

注意此圓盤！

使用電力時，這個圓盤會跟著轉動，依照**圓盤轉動的圈數**，**計算用電量**。

破壞這個圓盤，就不用繳電費啦……

別這樣！

奸笑

這樣省不了電費，還要多付修理費！

※圓盤轉動的原理，在 P.169 詳細說明。

開玩笑啦！並木，這是警匪劇吧！

沒錯啦，我不在房間的時候，妳到底看了多少電視啊。

刑警可以根據電錶是否有轉動，來判斷犯人在不在家！

妳沒有其他事可做嗎？

⚡ 配電盤

下一個是……

喔！有一個大開關，以及好多小開關！

那是**斷路器**（Breaker）。

那個位於高處的「**配電盤**」。

配電盤有三個裝置，我們依照電力的流向來看①～③吧。

① 安培斷路器
（電流限制器）

英文為 Ampere Breaker，當電力用量超過和電力公司的**契約**限制，便會自動斷電。

② 漏電斷路器
（漏電遮斷器）

漏電的時候，漏電斷路器能馬上察覺異常，自動遮斷電流。

③ 配線用斷路器
（配線用遮斷器）

室內配線分為好幾個回路，當各回路的電流超過**定值**（一般為20A），配線用斷路器會自動遮斷線路。

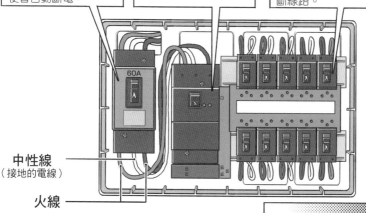

中性線
（接地的電線）

火線

※根據不同契約的用電量，以及不同電力公司的規定，有時不會設置安培斷路器。

下一頁有更詳細的說明

153

這……真是危險啊！
若發生觸電意外、火災，
地球會滅亡啊！

啊……嗯……
妳有危機感是
好事啦……

所以，漏電斷路器
很重要。

我來介紹檢驗漏電
的原理吧。

漏電斷路器的原理

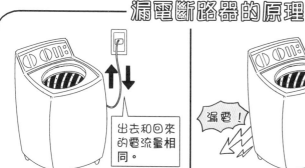

漏電！

出去和回來
的電流量相
同。

有電力外洩，回來
的電流量，比出去
的電流量少！

電源流出的電流，流經負載（電器用品）後，全部的電流理應流回電源。
正常狀況下，**出去的電流量和回來的電流量應該相等。**

但是，若電源線或是電器用品漏電，回來的電流量會減少。因此需以漏電
斷路器**檢測出去和回來的電流量是否一樣，才能察覺異常！**

好帥啊！
漏電斷路器！

默默守護各種
電器裝置！

接著介紹「③配線用斷路器」。
配線用斷路器內部的電流，分為
多個分支。

什麼？配線用斷路器細
分電力，再配送嗎？

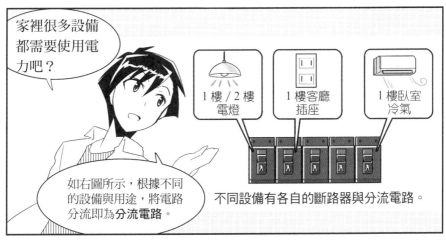

家裡很多設備都需要使用電力吧？

1樓/2樓電燈

1樓客廳插座

1樓臥室冷氣

如右圖所示，根據不同的設備與用途，將電路分流即為**分流電路**。

不同設備有各自的斷路器與分流電路。

即使是這間又擠又小的房間，多多少少都需要使用電力……

嗯…

房間又擠又小真是對不起啊！這間本來就是單人套房，兩個人住當然會擠啊！

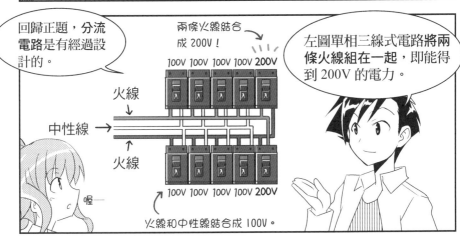

回歸正題，分流電路是有經過設計的。

兩條火線結合成 200V！

100V 100V 100V 100V 200V

火線 ↓

中性線 →

火線 ↑

喔—

100V 100V 100V 100V 200V

火線和中性線結合成 100V。

左圖單相三線式電路**將兩條火線組在一起**，即能得到 200V 的電力。

啊！我記得之前有看過這張電路圖。
（參照 P.137）

200V 供應電力消耗量較大的回路，例如「冷氣專用」的回路，非常便利。

像下圖。

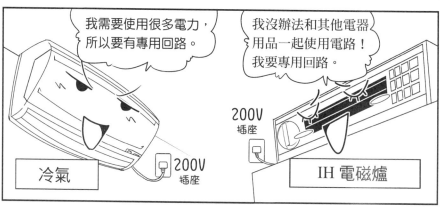

我需要使用很多電力，所以要有專用回路。

我沒辦法和其他電器用品一起使用電路！我要專用回路。

200V 插座

冷氣

200V 插座

IH 電磁爐

原來如此，電力消耗量較大的電器，使用專用回路……

斷路器即不容易跳掉……

……

怎麼會這麼任性，真討人厭。

怒氣沖沖

別這樣！

你們是同類相斥吧！

即使妳真的很厭惡，也不要用雷射攻擊它們！拜託！

3 插座

仔細想想，從那麼遠的地方來到這裡……

出發的時候是那麼不安……

但是，能平安到達真是太好了……

對吧，

電力！

妳在做什麼啊？

怎樣啦，從遙遠外太空來到這裡的我，好不容易遇到從遙遠發電廠來到這裡的電力，在它身上看到自己的影子，正沈浸在同是天涯淪落人的感傷之中……

所以妳朝著插座，用曨曨的眼神和它說話？就很多方面來說，妳真讓人擔心。

害我差點打電話給醫院，但又想到，把外星人送進地球的醫院沒問題嗎？才沒有打過去。

你很失禮！我有健保卡喔！

妳怎麼拿到的？

算了。接下來說明插座吧。

※註：台灣為 110V，220V。

「單相二線式」和「單相三線式」的電壓不一樣。

大致情況如下圖所示。

以前**單相二線式**是主流，但是最近一般家庭的電力消耗量增加，因此**單相三線式**較普及。

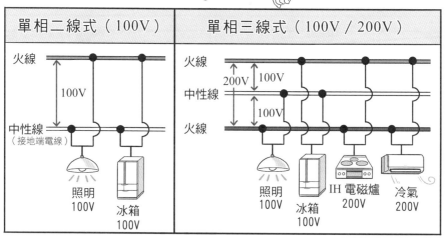

單相二線式（100V）

火線

100V

中性線
（接地端電線）

照明
100V

冰箱
100V

單相三線式（100V / 200V）

火線

200V 100V

中性線

100V

火線

照明
100V

冰箱
100V

IH 電磁爐
200V

冷氣
200V

嗯，根據連接的中性線和火線……

可得到 100V 和 200V 的電壓。
（參照P.137和P.156）

哈！我的記憶力真強。

還有更詳細的說明喔。100V 和 200V 的**插座外形**不一樣。

159

插座的外形如右圖，有各種形式。

單相 100V		單相 200V	
15A	20A	15A	20A

接地電極（接地的孔）

有些插頭有接地電極，例如洗衣機、冷氣等，必須有接地（earth）措施。

真是有趣耶！

像這種！

不過，我還是喜歡一般的插座……

這比那些有奇怪嘴巴的插座可愛多了！

妖怪？

我要對喜歡一般插座的悠夢提問！

啊？

這麼突然？

仔細看插座，可發現左右兩邊的孔，長度不一樣……

左邊的孔比較長！為什麼呢？

左　右

注意！

嗯，我知道，
答案是……

**左邊的孔喝
很多牛奶！**

那會造成嚴重短路啊！
不要把牛奶灌進插座，那是
什麼恐怖攻擊啊！

兩邊的長度不一樣，
是因為左側的孔必需
安裝接地線。

左　右

中性線
（接地端）

火線
（非接地端）

我記得……中性線是
有接地的火線……

（參照 P.138）

原來如此，
　　我瞭解！
小心謹慎的人插左邊的
孔，想尋刺激的人插右
邊的孔！

對！所以拿著銅線插
入左邊的孔，不會有
觸電的危險。

但若插入右邊的孔
會直接觸電……

別插啊！

161

接著，看一下插入孔的插頭。

這裡不是有洞嗎？

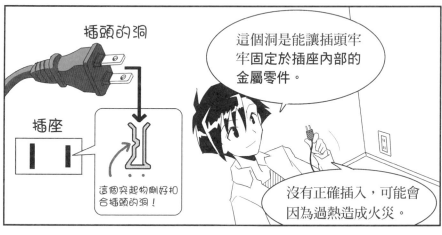

插頭的洞

插座

這個洞是能讓插頭牢牢固定於插座內部的金屬零件。

這個突起物剛好扣合插頭的洞！

沒有正確插入，可能會因為過熱造成火災。

這樣啊……這麼小的洞，也包含了智慧和巧思啊。

真是值得嘉許，地球人！

插座，加油啊！宇宙會支持你的！

有聽到嗎？

妳有沒有在聽啊！

不是叫妳別這樣嗎！

⚡ 世界各地的插座

 接著，我來介紹世界各地的插座吧。
請看！下圖是全世界各式各樣的插座，皆配合不同形式的插頭。

形式	A	B	C	B3	BF	SE	O
外形							

 在日本，A型隨處可見。
但是，在海外不一樣，舉例來說，在泰國會使用A、C、BF這三種形式。

 哈……泰國人喜歡使用這麼多種形式的插座啊。

 悠夢，如果妳帶著日本製的電器產品到泰國去旅行，即使妳在泰國找到和日本相同種類的A型插座，**也不能直接插進去使用喔**。

 為什麼？插座的形式不是一樣嗎？插進去使用應該沒事啊？
我不要，我不要，我想要在泰國使用日本製電器產品啦！

 嗯，妳先聽我說。日本和其他國家的**電壓不一樣**。
妳看下一頁的世界地圖。

各國的「家庭用電壓」

喔？在日本「**家庭用電壓**」以 **100V** 為主……
但國外不一樣，有的使用 220V，有的使用其他電壓。
所以我把這台電鍋帶去其他國家，也沒辦法使用，真是可惜……

為什麼是電鍋？
嗯，因此，雖然泰國和菲律賓、日本一樣，都是使用A型插座，但
泰國的電壓是 220V，如果硬插進去，電器會壞掉，冒黑煙……

若妳真的想使用日本製電器，可以利用**降壓變壓器**，將電壓變成
100V。若是電器有**自動變壓**※（Multi-voltage）的功能，即可直接
使用。
※電器上標示AC100-120V / AC200-240V（電壓自動切換）。

真可惜，這個電鍋沒有自動變壓功能。但是，並木筆電的 AC 整流
變壓器（adapter）有標示「INPUT：100-240V,50-60Hz」。這麼普
通的並木竟然用這麼厲害的筆電，真是狂妄！

對，這種電器在國外也能使用，但是，插頭到整流變壓器之間的電
線，有些只可用 100V 的電壓，須確認才能使用喔……

插座的說明到此為止。

我們已將**發電**、**輸電**、**配電**學過一輪。

……結束？

全部結束了嗎？

妳那是什麼反應啊！好像世界要毀滅一樣……

還有一些啦……我還有一些想教的東西，下回再講……

這樣啊！我可以姑且認真聽你上課啦！

我學完電力的知識，就沒有理由繼續待在這裡了……

所以剛剛我才會那麼不安嗎？

該不會，我對這個地球人……

不……不可能不可能沒有那回事！

搖頭　搖頭

……

但是……

拍一下他的睡臉吧……

我拍下這張沒有防備又愚蠢的睡相，只是為了記錄地球的生態。

才不是……

嘰嘰嘰

ZZZz

這傢伙真的完全沒有戒心……

166　第 4 章 ⚡ 配電

嗯？

嘰——

喀喀喀

嘰嘰嘰

！！？？
悠……悠夢妳想幹嘛？

碎！

為什麼把那個殺人武器對著別人的睡臉？

不……不是喔，並木，這個是……

我之前說過，這有很多功能……

內建各式各樣的殘虐功能？多麼恐怖的宇宙致命武器！

嗦嗦嗦嗦嗦

閉上嘴巴，好好聽我說啦！

不要啊——
不要對準我！

都說了，不是這樣！

◆ 電錶
....

要計算電費，必須先測量用電量，因此各家庭和大樓都會設置**電錶**。

我們先來討論計算的單位吧。

電量的單位原則上都是用〔W·h〕（瓦特小時）或〔W·s〕（瓦特秒）。由單位可知，將標示在家電產品上的消耗電功率〔W〕和時間〔h或s〕相乘，再將這些乘積加起來，即為用電量。公式如下：

電量W〔W·s〕＝電功率P〔W〕×時間t〔s〕＝電壓V〔V〕×電流I〔A〕×時間t〔s〕

供電系統的電壓是固定的，我們只需知道電流大小，即能求出用電量。

然而，若真的用上述的單位計算，數值會過於龐大，所以一般會改用〔**kWh**〕（千瓦小時）做為計算單位。千瓦小時〔kW〕是瓦特〔W〕的一千倍，而小時〔h〕則是秒〔s〕的三千六百倍，亦即：

1〔kWh〕＝ 3,600,000〔W·s〕

一般家庭的電錶多是用來測量交流有效電量（消耗電量）的「**誘導型電錶**」。誘導型電錶有「**阿拉戈圓盤**」（Arago's Disk），**可用回轉圈數來計算所使用的電力，再換算成用電量。**

阿拉戈圓盤是以不導磁的非磁性物質製成，例如：銅、鋁，旋轉的磁鐵靠近，圓盤會因相斥作用而旋轉。

概念圖如下一頁所示：

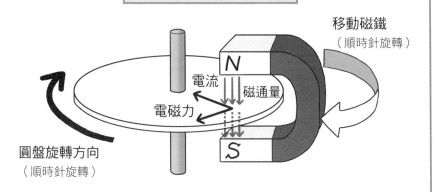

「阿拉戈圓盤」的原理

移動磁鐵
（順時針旋轉）

N

電流

磁通量

電磁力

S

圓盤旋轉方向
（順時針旋轉）

1. 磁鐵順時針旋轉，讓**磁通量**在圓盤上移動，穿過圓盤。

2. 根據弗萊明右手定則，圓盤上會產生感應電動勢，圓盤為了抵抗電動勢，產生感應**電流**（渦電流）。

3. 再根據弗萊明左手定則，電流與磁鐵的磁通量會形成一股電磁力，**推動圓盤順時針旋轉**。

4. 圓盤最後會和磁鐵同方向旋轉。

將電錶的磁鐵以電磁鐵代替，可產生移動磁場。即使電磁鐵不移動，移動磁場也能夠旋轉圓盤。

機械式電錶雖然結構較為原始，但機械電力能夠**長時間穩定地運轉**，至今仍非常普及。

感應式電錶的實際操作如右圖所示，可清楚看到圓盤。電力消耗時，圓盤即會旋轉。

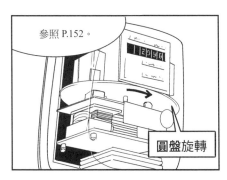

參照 P.152。

圓盤旋轉

169

◆ 電子式電錶

這種「**電子式電錶**」不像感應式電錶，因此並不利用圓盤旋轉計算用電量。

電子式電錶可以測得有效電量（消耗電量），還能測得「無效電量、最高需量、平均功率因數」等。

多功能是電子式電錶的特色，但和感應式電錶相比，機械性、電力性比較差。然而，許多工廠、大樓現在已開始使用此種電錶，越來越普及。

電子式電錶的原理很簡單，測量瞬時電壓和瞬時電流的數值，再利用微電腦依據時間來計算。

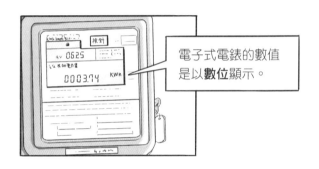

電子式電錶的數值是以**數位**顯示。

◆ 智慧電錶

「**智慧電錶**」是電子式電錶加上**訊息傳送功能**，日本已經正式引進。

以往的電錶需要人工讀取電錶數值，但智慧電錶利用無線通訊、電力線通訊，可遠距讀錶。除了這項附加功能，智慧電錶也能監視家庭的電力使用情形、提供需量反應。

需量反應（Demand Response）是電力公司用以要求削減用戶用電量的機制。智慧電錶能夠監視用電量，可依照用電需求隨時調整。

第 **5** 章

未來的供電系統

1 分散式發電是什麼？

嘰嘰嘰　啾啾

哈～

喀噹

早安，
並木……

早……
早安……

哪有一個地球人，
差點被殺還不會害
怕啊！

你幹嘛這麼
戒備！

忍者？

昨天深夜的意外，
對你造成這麼大的
心靈創傷嗎？

那是誤會啦，
我只是……

只……是……

唉……妳愛上我了嗎？

別開玩笑，那是不可能的。

別這樣——

並木先生，我那時只是想……

拍下你宛如天使，令人憐愛的睡臉。

我怎麼說得出口啊！

？

別……別說這個，快開始上課吧！

喔。

我最後想講的是……

未來的電力供應會變成怎樣？

這樣的內容。

未來？

173

⚡ 集中式發電與分散式發電

我們先來複習之前學過的東西。

現代的發電方式有火力、水力、核能，但這些都是……

火力

水力

核能

距離用戶非常遠而大規模的發電廠發電，再輸送電力給用戶。

漫長的旅程

發電廠　一次變電所　二次變電所等　用戶

海　山　河川

嗯，沒錯。

我有好好學習，早已瞭解電力是經由漫長的旅程，才到達插座。

但是未來的電力系統可能會有很大的改變……

什麼？這是什麼意思？

悠夢有聽過「太陽能發電」、「風力發電」嗎？

嗯，有聽過。

和那大規模的火力、水力、核能發電系統相比，這些是屬於小規模的發電設備。

這些小規模發電設備，會分散設置在用戶附近。

太陽能發電

風力發電

如果能夠在每個區域設置此種發電設備，供應區域的電力，真的非常方便。

附近！

用戶

太陽能發電　風力發電

的確很方便，還能減少**輸電損失**（參照 P.97）……優點不少呢。

175

小規模發電的整體設備系統稱為「分散式發電」。

那邊到…

這邊

因為規模小，所以能夠分散配置在用戶的附近。

相對於火力、水力、核能的大規模「集中式發電」，太陽能、風力是「分散式發電」。

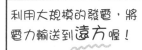

利用大規模的發電，將電力輸送到遠方喔！

水力 火力 核能

利用小規模的發電，將電力輸送到附近喔！

太陽能　風力

嗯，今天學的和之前不太一樣！

但是，並木……

如果分散式發電持續增加，你最喜歡的……

巨大輸電鐵塔和長長輸電導線會減少吧？

喔喔喔喔喔喔喔喔喔喔喔喔喔

喔，他在苦惱，他在苦惱……

分散式發電的特色與電力自由化

 我來進一步說明「分散式發電」吧。

剛剛只舉例說明「太陽能發電」和「風力發電」，其實分散式發電還有其他的發電方式。

除了**太陽能、風力、生質能、小水力**等**再生能源**，還包括利用**燃料電池、燃氣渦輪機**來發電的情形。

 不管發電方式是什麼，只要是**小規模的迷你發電廠**，都可稱為分散式發電，而不是只有利用再生能源才稱作分散式發電！

沒錯！

此外，分散式發電的**優缺點**如下：

────── 分散式發電 ──────

優點
①能夠減少輸電設備。
②能夠減少輸電損失。
③可引進再生能源。

缺點
①和大規模發電相比，有時發電效率較差。
②必須將燃料運送到分散各地的發電廠。
③需準備發電設備維護時期的替代方案。

原來如此，我知道分散式發電的優缺點了。
嗯……有利也有弊啊。

日本已經開始建設分散式發電，
我想這跟「電力自由化」的趨勢有很大的關係。

嗯？電力自由化是什麼？

嗯……日本在 1995 年修改了電力事業法，將商業競爭原理帶入電力事業，從此，電力公司以外的企業也能參與電力事業。

而且，為了促進分散式發電的發展，日本政府還修改了相關法規。以前，輸電導線由各地區的電力公司獨佔，但現在其他公司也能加以利用。太陽能發電的工程還能得到日本政府的補助喔。

喔……電力事業，從壟斷變成自由競爭啊。
若繼續推行電力自由化，電力的供應情況也會一點一點地改變。

沒錯……日本目前的發電、輸電（配電）通常是由各地的電力公司負責，未來可能會變成「發電和輸電由不同公司負責」。
如此，發電事業和輸電事業分開的情形，稱為「發電輸電分離」。

「發電輸電分離」還有很多問題待解決，例如：如何將便宜、高品質的電力，正確而穩定地配送給用戶？
所以，我們很難斷定未來是否真的會演變成發電輸電分離。

嗯，這些問題聽起來很難解決，但由此可知，未來的供電方式還是會持續變化……

⚡ 風力發電

我來說明分散式發電的具體例子吧。

首先是「風力發電」。

旋轉
旋轉

我猜這個發電方式需要「旋轉的力量」。

那個一直旋轉的東西非常可疑！

沒錯！風力發電需要風的力量來推動**風機葉片**（Propeller）旋轉。

藉由風機葉片的旋轉，帶動發電機**發電**。

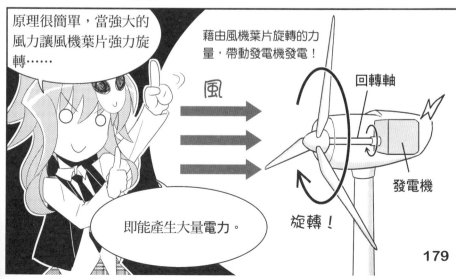

原理很簡單，當強大的風力讓風機葉片強力旋轉……

藉由風機葉片旋轉的力量，帶動發電機發電！

風

回轉軸

發電機

旋轉！

即能產生大量電力。

179

風的流動（推動）所產生的風能，屬於動能的一種。

根據動能的公式，質量為 m，速度為 V 的物體，動能為 $\frac{1}{2}mV^2$。

風能的計算需考慮**受風面積 A** 〔m^2〕，

在這個面積上，**空氣密度**以 ρ〔kg / m^3〕表示，設風速為 V〔m / s〕，則每單位時間吹過的**風能 P**〔W〕如下：

注意：每秒吹過受風面積的風質量 $m = \rho AV$，即為風速。

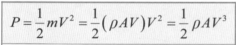

$$P = \frac{1}{2}mV^2 = \frac{1}{2}(\rho AV)V^2 = \frac{1}{2}\rho AV^3$$

P：風能〔W〕	ρ：空氣密度〔kg / m^3〕
A：受風面積〔m^2〕	V：風速〔m / s〕

A：受風面積

$A = \frac{1}{4}\pi D^2$

用此公式求值！

D：旋翼（rotor）直徑

若風速變為原來的兩倍……輸出功率會和風速的立方成正比，輸出功率（風能）變成原來的八倍！

（參照 P.53）

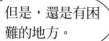但是，還是有困難的地方。

如右表所示，要找到符合條件的設置地點並不容易。

〈適合設置風力發電機的地點〉

全年都有到達某種程度的風量。 ※平均風速 大於 6m/s。	需有搬運風力發電機的運輸通道。
為了輸送產生的電力，必須設在輸電鐵塔附近。	不能造成周圍居民、環境的困擾（噪音、生態系統破壞）等……

然而，不管設置地點有多適當，風還是會有……

停下來的時候。

的確，若沒有起風，風力發電就不是美夢，而是惡夢……

嗯…

雖然大自然的風取之不盡，但發電量卻不穩定……

但是，我真想為風機拍照，一定是很棒的照片。

這也是你的愛嗎？

⚡ 風機的種類

 風機可分成「**水平軸型**」和「**垂直軸型**」。

如下圖所示,差異在於「**發電機的回轉軸,垂直於地面或平行於地面**」。

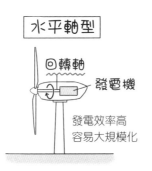

水平軸型

回轉軸
發電機

發電效率高
容易大規模化

垂直軸型

回轉軸

發電機

相較於水平軸型,
垂直軸型的設置和
維護較容易。

 舉例說明**水平軸型風機**和**垂直軸型風機**吧。

風力發電以水平軸型風機的「**旋翼型**」為主力。

可是,商業設施、街道仍常見垂直軸型風機。

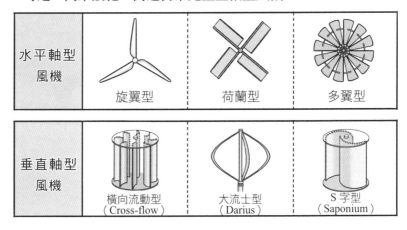

| 水平軸型風機 | 旋翼型 | 荷蘭型 | 多翼型 |

| 垂直軸型風機 | 橫向流動型（Cross-flow） | 大流士型（Darius） | S 字型（Saponium） |

 喔,有好多種形狀。比較小型的風機,說不定我們家附近就有!

⚡ 太陽能發電

接下來介紹「太陽能發電」……

利用太陽的光能來發電。

用太陽能板收集太陽的光能。

悠夢有看過這種扁平的基板嗎？

有啊，裝在住家的屋頂上，我搭乘幽浮的時候，常常看到。

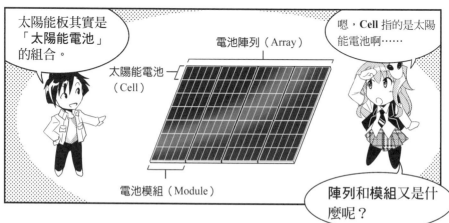

太陽能板其實是「太陽能電池」的組合。

電池陣列（Array）

太陽能電池（Cell）

電池模組（Module）

嗯，**Cell** 指的是太陽能電池啊……

陣列和模組又是什麼呢？

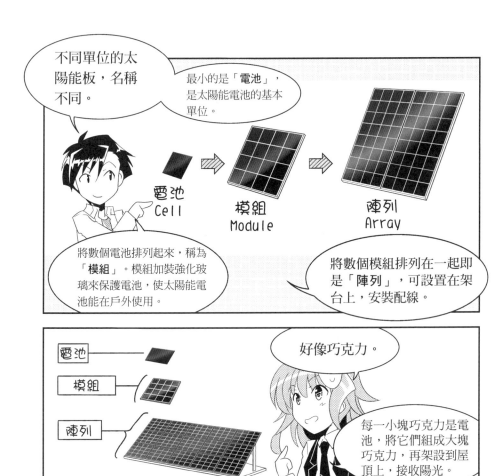

不同單位的太陽能板，名稱不同。

最小的是「電池」，是太陽能電池的基本單位。

電池
Cell

模組
Module

陣列
Array

將數個電池排列起來，稱為「模組」。模組加裝強化玻璃來保護電池，使太陽能電池能在戶外使用。

將數個模組排列在一起即是「陣列」，可設置在架台上，安裝配線。

電池

模組

陣列

好像巧克力。

每一小塊巧克力是電池，將它們組成大塊巧克力，再架設到屋頂上，接收陽光。

這樣不會融化嗎？

不會融化啦。

那不是巧克力。

太陽能電池的原理是「直接將太陽的光能轉換成電能」啊。

太陽能

巧克力…

電能

能夠直接轉換成電能？

真是劃時代的技術，那個小巧而扁平的板子，到底藏了什麼祕密！

我依序說明吧。

首先，太陽能電池將 N 型半導體和 P 型半導體，結合在一起。

結合在一起！

N 型半導體

P 型半導體

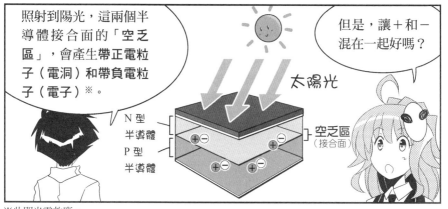

照射到陽光，這兩個半導體接合面的「空乏區」，會產生帶正電粒子（電洞）和帶負電粒子（電子）※。

但是，讓＋和－混在一起好嗎？

太陽光

N 型半導體

P 型半導體

空乏區（接合面）

※此即光電效應。

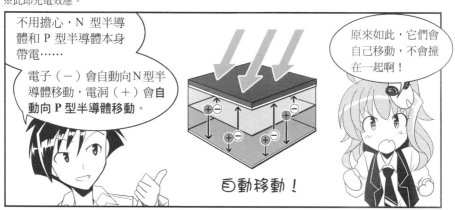

不用擔心，N 型半導體和 P 型半導體本身帶電……

電子（－）會自動向 N 型半導體移動，電洞（＋）會自動向 P 型半導體移動。

原來如此，它們會自己移動，不會撞在一起啊！

自動移動！

※帶電是指物體本身的電力極性，使電子與電洞往正極或負極移動的帶電現象。

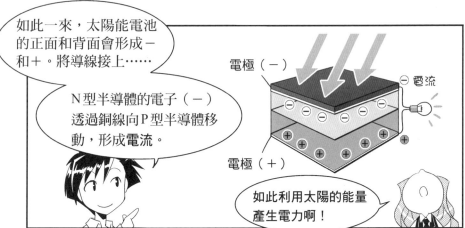

如此一來，太陽能電池的正面和背面會形成－和＋。將導線接上……

電極（－）

－ 電流

N型半導體的電子（－）透過銅線向P型半導體移動，形成**電流**。

電極（＋）

如此利用太陽的能量產生電力啊！

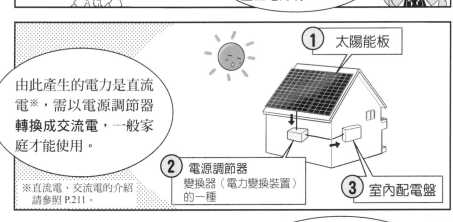

由此產生的電力是直流電※，需以電源調節器**轉換成交流電**，一般家庭才能使用。

※直流電、交流電的介紹請參照 P.211。

① 太陽能板

② 電源調節器
　變換器（電力變換裝置）的一種

③ 室內配電盤

嗯，真是方便。

在自家的屋頂上發電，馬上可以在家裡使用呢！

沒錯，最後我再告訴妳「**太陽能**」的偉大之處吧。

照射到地球表面的太陽能有 85 兆 kW，假設這些能量有辦法 100% 轉換⋯⋯

照射到地球表面的太陽能有 **85 兆 kW**。

收集一個小時的太陽能，就可能提供全世界使用半年的用電量。

簡單來說，太陽能是**非常巨大的能源**，而且**不用擔心枯竭**的問題！

太陽真是厲害！使用太陽能，能源問題不就解決了嗎！

不，事情沒有這麼簡單⋯⋯光能轉換成電能的轉換效率，目前最高只有 **20%**，效率並不是很好。

而且想要得到更多電量，需要**非常廣闊的建置地點**。

的確，成本會太高⋯⋯

但我們不可能在地球的每個角落裝設太陽能板。

太陽能發電在晚上完全無法發電！

遇到陰天和雨天，發電量也會減少！

的確如此！

沒錯，裝設太陽能發電設備的費用比其他發電方式高。

而且，還有一個根本的問題沒解決……

由右圖可知，太陽能發電量會因為天氣、時間而有所差異。

喔

〈太陽能發電的發電量變化〉

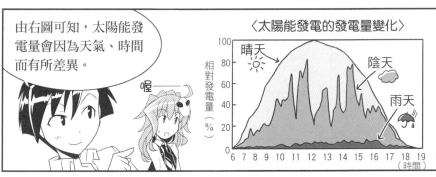

相對發電量（％）

晴天　陰天　雨天

6 7 8 9 10 11 12 13 14 15 16 17 18 19
（時間）

嗯……無敵的太陽也有弱點！

太陽能發電與風力發電一樣，容易受到大自然影響……

電力的儲存設備

接下來介紹「電力儲存設備」吧……亦即儲存電力的設備。

儲存

你在說什麼啊？
電力不是沒有辦法像水、食物那樣儲存嗎？

水

食物

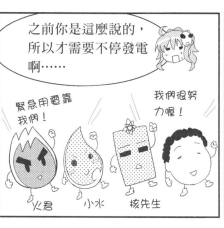

之前你是這麼說的，所以才需要不停發電啊……

緊急用電靠我們！

我們很努力喔！

火君　小水　核先生

嘿，「基本上」電力沒有辦法儲存。

想要儲存整個社會的電力需量，以目前來說是做不到的。

儘管如此！
即使只有一點點電力，我們還是要想辦法儲存起來！

超

動

激

你之前又沒說！
現在才告訴我可以這樣，太狡猾啦，並木！

嗯，如果能夠儲存電力，就不用擔心緊急狀況。

因為對電力系統有基本認識的悠夢才能瞭解……

如果我們能夠儲存電力，將有多麼便利……

人類持續研究著電力的儲存方法……

開發出來的種類有很多，我來介紹幾個比較具代表性的方法吧。

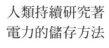

蓄電池

鉛酸蓄電池、鈉硫電池（NaS電池）、全釩氧化還原液流電池

超導蓄電

超導磁性儲能器（SMES）

其他

雙電層電容器※（EDLC）

※雙電層電容器，又稱電子雙層電容。

儲存方法有好多種啊……

有好多我不瞭解的東西，真有趣。

現在連電力都能夠儲存了，你就不能存點錢嗎……

關妳什麼事！

※抽蓄式水力發電（參照 P.57）將水的能量儲存起來以發電，也可視為一種蓄電方式。

各種電力儲存裝置

我來介紹**各種電力儲存裝置**吧。
電力儲存裝置的原理有點難懂，專有名詞很多，但讀者只要大概瞭解即可。
下表根據特色來分類。

蓄電池	鉛酸蓄電池、鈉硫電池（NaS 電池）、全釩氧化還原液流電池		
超導蓄電	超導磁性儲能器（SMES）	其他	雙電層電容器（EDLC）

首先是「**鉛酸蓄電池**」、「**鈉硫電池（NaS 電池）**」、「**全釩氧化還原液流電池**」，統稱為「**蓄電池**」。
蓄電池是能夠儲蓄電能的器具。

蓄電池意指「**能夠重複充電、放電，反覆使用**」。
電池分為兩種，一種是放一次電即不能使用的「**一次電池**」；另一種是能夠反覆使用的「**蓄電池**」。

「**鉛酸蓄電池**」以**鉛**為電極，
常用在汽車的電池組、緊急電力設備等，為**現代最廣泛使用的蓄電池**。正極為二氧化鉛，負極為鉛，電解液為硫酸。電池放電會在電池內部生成水，稀釋電解液的濃度，使硫酸變成稀硫酸。
優點為價格便宜，但硫酸是強酸，具有危險性，且電池可能因電解液結凍、膨脹而破損。

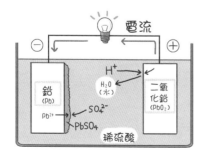

H^+ … 氫離子
SO_4^{2-} … 硫酸根離子
Pb^{2+} … 鉛離子
$PbSO_4$ … 硫酸鉛（Ⅱ）

「**鈉硫電池（NaS 電池）**」是用**金屬鈉（Na）**和**硫磺（S）**製作的蓄電池。

正極為熔融狀態的硫磺，負極為熔融狀態的金屬鈉，電解質則為能傳導鈉離子的β-氧化鋁。

鈉硫電池的溫度**必須保持在 300℃的高溫**，通常用於大容量儲存裝置。

優點為固體電解質的使用壽命較長，能量密度比鉛蓄電池約高三倍。

但是，鈉硫電池在高溫環境才能運作，且使用可燃的金屬鈉，因此須小心使用。

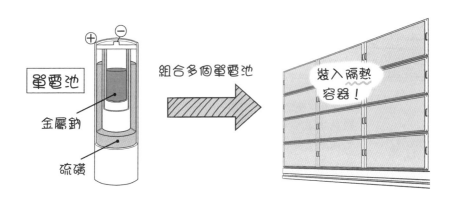

「**全釩氧化還原液流電池（Redox Flow Battery）**」是使用**金屬釩**的蓄電池，電池可循環一萬次以上，redox 是氧化還原反應（**red**uction-**ox**idation reaction）的縮寫。

以溶解於稀硫酸的釩溶液為**電解質**，溶液中的釩離子會因**氧化還原反應**而變化價數，使電池能夠充電、放電。將此溶液放入槽桶，即能儲存大量電力，但缺點是金屬釩的成本太高。

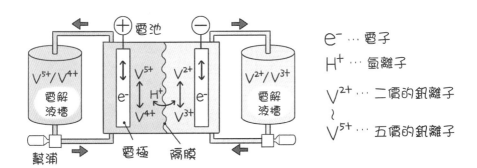

最後要來介紹「**超導磁性儲能器（SMES）**」和「**雙電層電容器（EDLC）**」。
「**超導磁性儲能器**」應用超導體的原理。
「**雙電層電容器**」則利用電容器的優點。

「**超導磁性儲能器（SMES）**」是應用**線圈**的**超導體原理**，如下：
「導體的電阻在極低溫之下，電阻值會變成零，將此導體做成**線圈**，可感應電流，在電流流經時儲存電力。」

超導磁性儲能器的優點包含：能源轉換效率高、無化學反應、使用壽命長、能量轉換速率快等，但是它需要另外的冷卻用機器與容器。
SMES 是「Superconducting Magnetic Energy Storage」的縮寫。

使用多個
大型的超導線圈！

「**雙電層電容器（EDLC）**」是利用**電容器（Copacitor）**的優點，原理如下：
「以前的電容器（Copacitor）都是做為電極之間的介電質，而雙電層電容器將電極改成活性碳，可使電容器的表面產生多數定向電荷。」

優點為構造簡單、無化學反應、預期能有數百萬次的循環壽命，但相較於蓄電池，能量密度較低。
EDLC 是「Electric Double Layer Capacitor」的縮寫。

電路圖上的標示

電容器（Copacitor）
由兩塊金屬板構成，而
EDLC是電容器的應用。

193

2 微型電網、智慧型電網

最後……我有幾個專有名詞想讓悠夢知道。

就是「微型電網」與「智慧型電網」。

啊……聽起來好難啊……

謝謝妳沒有幹勁的反應喔！它們的意思如下圖啦！

微型 電網
nicro grid
小規模的 電力網

智慧 電網
snart grid
聰明的 電力網

小規模？聰明的？這是什麼意思？

這和「分散式發電」有關係，我詳細說明吧。

今後，人類可能全面改用小規模、聰明，不同以往的電力供應系統。

⚡ 微型電網是什麼？智慧型電網是什麼？

 「微型電網」看似新名詞，其實悠夢已經學過。

 啊？可是我第一次聽到這個名詞耶？

我不記得有學過啊，我什麼都不知道！我……我是清白的！

 請冷靜，我們今天不是教到**分散式發電**嗎？

例如太陽能、風力、生質能、小水力以及燃料電池和燃氣渦輪機等。

 嗯，我記得。這些小規模的發電設備分散配置在用戶附近，方便直接使用。

 沒錯，妳記得真清楚。微型電網（小的電力網）運用同樣的概念！

> **微型電網**根據某個區域的情況，實行電力供應、熱供給。由小規模的電力系統所構成，組合太陽能發電、風力發電等「**分散式發電**」，以因應不同的「**負載（電力的消耗）**」。

 這就是我今天學到的東西嘛，這些陌生的專有名詞根本不足為懼。

 但是，今後的微型電網必須結合「**資訊通訊技術**」，以**適當地監控與執行**。資訊通訊技術的運用，讓電力供應能更有效地運作與控制。

 嗯……藉此即時掌握某區域的電力需量與使用狀況啊。

結合資訊通訊技術的微型電網被歸為「**智慧型電網**」。
所以，我接著說明「**智慧型電網**」吧。

但該怎麼說呢⋯⋯
智慧型電網雖然被稱為「新世代輸電網」、「新世代電力網」⋯⋯
但它的定義有很多種，該怎麼說明比較好呢？嗯⋯⋯

並木！
振作啊！你怎麼了？

智慧型電網讓人不曉得該如何說明，是個概念模糊、**廣泛**的用詞。
比較普遍的定義如下：

> **智慧型電網**可使**供應端與需求端**的「能量、情報流動」雙向化，
> 是一種革命性的基礎建設（infrastructure）。

啊？
我看不懂它的定義，到底是什麼？

嗯，簡單來說，是指「電力系統可**雙向溝通，變得較便利**」。
「**電力的供應端**」和「**接受電力的需求端**」**雙方聯繫、合作，不再
只是電力的單向運輸**，具有革命性！

喔──和以往完全不一樣，具革命性的新系統啊。
具體來說，它能做什麼呢？

智慧型電網的功能非常廣泛，**主要任務**如下頁所示。

智慧型電網的各種功能與示意圖

①利用**峰值位移**，將有限的電力設備做最有效的利用。

　峰值位移是指錯開電力消耗量最大的時間帶，不使用電力消耗量最大的白天電力，而可以利用晚上多出來的電力。

②積極導入太陽能發電、風力發電等**再生能源**。

③促進燃氣渦輪機、燃料電池等**分散式發電**的導入。

④推行電動汽車，讓電動汽車直接成為**電力儲存裝置**。

⑤作為替代能源，確保停電可快速修復，維持電力的**供給信賴度**。

⑥以高效率運作來達到**能源的有效利用**。

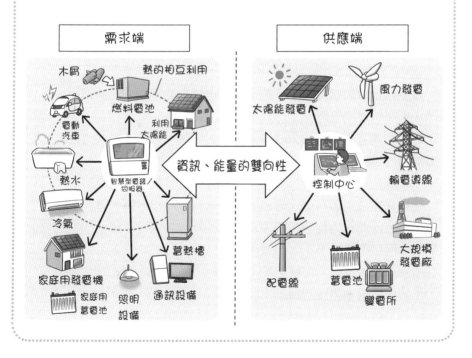

 哇！好多功能啊，示意圖的涵蓋範圍真廣。
　無法一概而論的多種用途，就是智慧型電網的特色啊！

◆ 電網分裂

　　從商用電源（例如：電力公司）獨立出來的發電設備（單台或多台，例如：太陽能發電），獨自供應電力給線路負載，稱為「電網分裂」（islanding operation，日文為「**単独運転**」）。

　　在此發電設備和商用電源（電力公司系統）連接的狀態下（處於逆潮流、賣電的狀態），若因落雷等事故，**使之與商用電源分離，轉為單獨運作，造成電網分裂**，會產生如下憂慮：

> 1. 電力公司原本遮斷電力的區域，若變成通電狀態，可能造成工作人員**觸電**，或影響消防行動。
>
> 2. 電力品質（頻率、電壓等）下降，可能使**工廠機器損壞**。

　　為了防止這類狀況發生，必須快速**檢驗有無電網分裂的情形**，並且快速停止相關的發電設備。

　　檢驗有無電網分裂的方法有「**被動式方法**」和「**主動式方法**」，需結合這兩種方法，靈活運用，才能提高檢驗的準確性。

　　被動式方法：若有電網分裂的情形，可檢驗出電壓相位、頻率的突然變化。此方法能快速檢驗，但由於可能的**不感帶領域**，或會因為急遽的負載變動，而經常發生不正常的運作。

　　不感帶領域是指「在整定值（set point）範圍內，雖出現電網分裂的情形，但檢驗設備卻無法判別」。

　　主動式方法：讓電壓、頻率持續變動（動態訊號），若發生電網分裂的情形，能檢測到明顯的變動。沒有不感帶領域，但和被動式方法相比，所需檢驗時間較長。

結尾

差不多是這樣……

我想教妳的都教完了。

辛苦妳了！

這樣啊……

結束啦……

悠夢……

我差不多該回去了。

電力的知識全部學完了……

文明這麼落後又偏僻的星球，我沒有理由繼續待著！

妳自始至終都這麼失禮啊！外星人！

到最後啦？

？

我一直被誤會也不太好，澄清一下吧……

昨天晚上，我不是要攻擊你，也不是要傷害你，更不是打算燒死你……

我……只是想拍照。

拍……你的睡臉。

……

201

我們的角色……

對調了呢！

？

之前啊！

我們第一次見面的時候。

我是在拍攝輸電導線的照片……悠夢卻誤認為「攻擊」……

妳還因此大吵大鬧……

呵呵，真的耶。

角色對調了。

因為我已經充分瞭解電力系統了，我就認定你那時的行為只是攝影，而非對本艦的攻擊吧！

高興吧！

妳到現在才相信我啊？

原來妳一直都不相信我！妳的疑心病到底有多嚴重？

但……妳為什麼要拍我的睡臉？

啊──啊──
我什麼都聽不到！

比比比……比起這個，我再不趕快回去，會趕不上末班車！

末班車！

妳是搭幽浮來的吧，冷靜點，錯亂外星人！

再……再見，地球人！

開門！

什麼跟什麼啊……

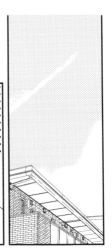

我來做學校的作業吧……

被悠夢折騰來折騰去，進度有些落後。

……

嗯，算了。

喂，悠夢。

晚餐妳想吃……

對喔，她……

已經回去了。

她擅自闖入我的生活，擅自胡鬧，到處亂搞……

但她才剛離開……我怎麼覺得有點寂寞啊。

並木！

剛才的感傷氣氛瞬間消失啦！

開門！

怎樣，妳有東西忘記帶嗎？

剛剛我在幽浮上，俯瞰街景，注意到一件事。

不是……

我並沒有完全學會電力系統。

⚡ 結尾

在有限資源一直減少的情況下，能源問題要怎麼解決？

電力供應的模式會變成什麼樣子？今後的發電會變得如何？電力網又會如何呢？

五年後，十年後，這個國家的電力系統會變得如何？

妳問的問題，以現在來看，怎麼可能會知道啊……

嗯……

未來的事情，只能推測。

吵死人了，我可是智慧生物體喔！
我在知道所有事情之前是不—會—滿足的！

我不是說我不知道了嗎？再怎麼說我也只是普通的學生啊！

208 ⚡ 結尾

附錄　電力的基礎知識

首先是電力的相關用語，大家都有聽過吧！

⚡ 電力系統的專有名詞及單位

電壓……推動電力流動的力量。
　　　　符號：V　單位：〔Ｖ〕（伏特）

電流……電力的流量（每秒流過的電力量）。
　　　　符號：I　單位：〔Ａ〕（安培）

電功率…電力的大小（電流在每秒做功的量）。
　　　　符號：P　單位：〔Ｗ〕（瓦特）

電阻……電流的阻力。
　　　　符號：R　單位：〔Ω〕（歐姆）

負載……電力消耗，例如各種家電用品、工廠馬達的電力消耗。

⚡ 與電力有關的重要公式

・電力 P ＝電壓 V×電流 I
・歐姆定律：
　（電流與電壓成正比，與電阻成反比）

　電流 $I = \dfrac{電壓\ V}{電阻\ R}$

複習一下和電力相關的重要公式吧。

⚡ 直流電與交流電

電力可大略分成兩種。

乾電池的電力是「**直流電**」，家裡插座的電力則是「**交流電**」。

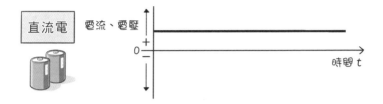

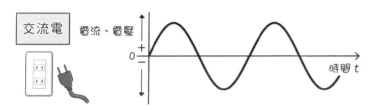

請對照上圖。

直流電「電流、電壓」的大小固定，不隨時間的流逝而改變。

交流電則會隨著時間改變**「電流、電壓」**的大小，呈週期性變化。

上圖中，用來表示電力變化的曲線（電力訊號的圖形），稱為「**波形**」。

嗯，
插座的電力是「**交流電**」。

交流電是
起伏的波形！
我記住了！

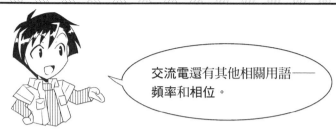

交流電還有其他相關用語——頻率和相位。

⚡ 頻率

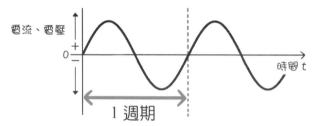

上圖是交流電的波形。

一個波為「一個週期」，而頻率則是**每秒有多少個重複的波形**。頻率的單位是 **Hz**（赫茲）。

台灣與西日本一樣，為 60Hz；東日本為 50Hz。

⚡ 相位

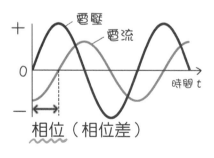

上圖是交流電「電流和電壓」的波形重疊圖。

如上圖所示，電流與電壓之間**有所偏差**。

這個偏差稱為**相位（相位差）**。

⚡ 電路圖

電路是指電流的各種路線，
電路圖以簡化的符號來表示。

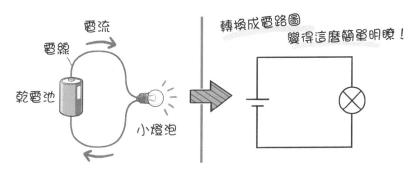

電流
電線
乾電池
小燈泡

轉換成電路圖
變得這麼簡單明瞭！

〈各種電路符號〉

直流電源	交流電源	電阻
$\oplus$ $\ominus$	$\sim$	⊏⊐
例如乾電池。 要注意正負極， 不能搞錯。	例如火力、水力發電廠，家裡的插座也是交流電源。	指有效的電力消耗，負載即為電阻。

電燈泡	線圈	電容器
⊗	ᴍᴍᴍ	⊣⊢
例如小燈泡（lamp）。 電流流過會發光。	電線一圈圈捲起來。	由兩塊金屬板組成。
	★下一頁有線圈和電容器的詳細介紹！	

⚡ 線圈與電容器

線圈和電容器在電路中發揮的功能不一樣。
我們來看看吧。

線圈……

裝設在馬達內部，
以及接受器的天線。

**線圈在「發電機」、「變壓器」
中扮演著非常重要的角色，**
又稱為「電抗器」。

電容器……

又稱為「蓄電器」。
能夠暫時儲存電能。

電路有很多部分都會使用電容
器。電容器可以減少電力的浪
費。

線圈只是把電線一圈圈
捲起來，竟然扮演這麼
重要的角色啊。

喔
～～

詳細的內容在書中
都有說明。

這裡寫的基礎知識
非常重要，請記下
來吧。

索引

十三劃

作者
〈編者簡歷〉
藤田吾郎
1970 年　生於東京都
1997 年　法政大學工學研究科電器工學專攻博士課程修完
同年東京都立大學工學研究科研究生
1998 年　芝浦工業大學就職
現在，工學部電器電子群電器工學科教授、電力系統研究室主導
博士（工學）、技術士（電器電子部門）、第一種電器主任技術者

〈執筆協助〉電力系統研究室所屬學生
石川幸二郎　　　金子直樹
小野賢人　　　　越川博文
笠井勇飛　　　　五月女謙二
加曽利明彥　　　藤橋達郎
片岡久幸　　　　星野友祐
加藤駿一

⚡ 製作：Office sawa
　　　2006 年設立。製作許多醫療、電腦、教育相關實用書與廣告。製作插
　　　畫、漫畫形式的說明書、參考書、宣傳品。
　　　e-mail: office-sawa@sn.main.jp

⚡ 腳本：澤田佐和子
⚡ 漫畫：十凪高志

國家圖書館出版品預行編目資料

世界第一簡單電力系統 / 藤田吾郎作；
　衛宮紘譯. -- 初版. -- 新北市：世茂, 2015.04
　　面；　　公分. -- （科學視界；179）

ISBN 978-986-5779-70-2（平裝）

1.電力系統

448　　　　　　　　　　　　　104001807

科學視界 179

世界第一簡單電力系統

作　　者／藤田吾郎
譯　　者／衛宮紘
審 訂 者／陳錦榮
主　　編／陳文君
責任編輯／石文穎
出 版 者／世茂出版有限公司
負 責 人／簡泰雄
地　　址／（231）新北市新店區民生路 19 號 5 樓
電　　話／（02）2218-3277
傳　　真／（02）2218-3239（訂書專線）
　　　　　　（02）2218-7539
劃撥帳號／19911841
戶　　名／世茂出版有限公司　單次郵購總金額未滿 500 元（含），請加 80 元掛號費
世茂官網／www.coolbooks.com.tw
排版製版／辰皓國際出版製作有限公司
印　　刷／傳興印刷股份有限公司
初版一刷／2015 年 4 月
　四刷／2023 年 3 月

I S B N ／ 978-986-5779-70-2
定　　價／ 300 元

讀者回函卡

感謝您購買本書,為了提供您更好的服務,歡迎填妥以下資料並寄回,
我們將定期寄給您最新書訊、優惠通知及活動消息。當然您也可以E-mail:
service@coolbooks.com.tw,提供我們寶貴的建議。

您的資料 (請以正楷填寫清楚)

購買書名:_____

姓名:_____ 生日:_____年____月____日

性別:□男 □女 E-mail:_____

住址:□□□_____縣市_____鄉鎮市區_____路街
_____段_____巷_____弄_____號_____樓

　　聯絡電話:_____

職業:□傳播 □資訊 □商 □工 □軍公教 □學生 □其他:_____

學歷:□碩士以上 □大學 □專科 □高中 □國中以下

購買地點:□書店 □網路書店 □便利商店 □量販店 □其他:_____

購買此書原因:____ ____ ____ ____ ____ (請按優先順序填寫)

1封面設計 2價格 3內容 4親友介紹 5廣告宣傳 6其他:_____

本書評價:____ 封面設計 1非常滿意 2滿意 3普通 4應改進

　　　　　____ 內　容 1非常滿意 2滿意 3普通 4應改進

　　　　　____ 編　輯 1非常滿意 2滿意 3普通 4應改進

　　　　　____ 校　對 1非常滿意 2滿意 3普通 4應改進

　　　　　____ 定　價 1非常滿意 2滿意 3普通 4應改進

給我們的建議:_____

_____

_____

電話：(02) 22183277
傳真：(02) 22187539

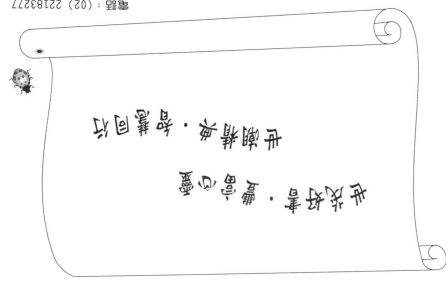

值得典藏·好書回味

開卷有益·擁抱書香

廣告回函
北區郵政管理局登記證
北台字第９７０２號
免貼郵票

231新北市新店區民生路19號5樓

世茂
世潮 出版有限公司 收
智富